Ueber das Wesen und die Bedeutung der menschlichen Freiheit.

Ueber
das Wesen und die Bedeutung
der
menschlichen Freiheit
und
deren moderne Widersacher.

Von

Hugo Sommer.

Zweite vervollständigte und umgearbeitete Auflage.

Berlin.
Druck und Verlag von Georg Reimer.
1885.

Vorwort zur ersten Auflage.

Das alte Problem, welches den Gegenstand dieser bereits in den Preußischen Jahrbüchern veröffentlichten Abhandlung bildet, hat durch die geistvollen Untersuchungen Lotze's eine neue Aufklärung erfahren, welche die dessen bisherige Behandlung vielfach verwirrenden Vorurtheile beseitigt und den einfachen Kern der Sache klar und treffend zur Anschauung bringt.

Ich habe in der vorliegenden Schrift versucht, Sinn und Inhalt dieser neuen Aufklärung thunlichst vollständig zu entwickeln.

Erst in ihrem Lichte tritt die wahre Bedeutung des ganzen Problems voll und plastisch heraus. Da alle Weltbetrachtung nur Betrachtung vom menschlichen Standpunkte aus sein kann, und eben deßhalb der Form und dem Inhalte nach in allen Zügen durch die apriorische Anlage des percipirenden Geistes bestimmt ist, die **Freiheit** aber den Grundcharacter des wahren Menschwesens bildet, so erscheinen deren Voraussetzungen in ihrer rechten Würdigung als die centralen Richtungslinien einer sittlich-religiösen Weltansicht, welche die Krönung und höchste Blüthe aller philosophischen Geistesarbeit bildet, denn das letzte Ziel dieser ist: Verständniß des Sinnes der Welt und unserer Bestimmung in ihr.

Da das Problem der menschlichen Freiheit an sich ein vorwiegend **practisches** ist, so wendet sich auch diese Schrift nicht blos an Fachmänner, sondern an alle, denen das Bedürfniß nach Vertiefung und Klärung ihrer Weltauffassung nicht über dem Getriebe der Werkeltagsgedanken verloren gegangen ist. Ihr Zweck ist, die Geister von dem Widerspruche zu befreien, den jede theoretische Leugnung der menschlichen Freiheit in sich schließt, deren thatsächliche Geltung man nichtsdestoweniger in der practischen Uebung der Moral und des Rechts anzuerkennen genöthigt ist. Die Lotze'sche Philosophie gestattete mir, diesen practischen Zweck ohne Beschränkung meiner Aufgabe durchzuführen, denn diese Philosophie ist nicht Neuüberlegung der in der Tradition der philosophischen Schulen überkommenen Probleme, sondern **Neubau auf rein thatsächlicher und eben deshalb allgemeinverständlicher Basis.**

Ich würde mich reichlich belohnt fühlen, wenn es mir gelingen sollte, durch meine unvollkommene Darstellung in den Gemüthern auch nur einzelner meiner Leser die hohe Befriedigung und geistige Befreiung nachzuerzeugen, welche ich selbst der Lotze'schen Philosophie in so reichlichem Maße verdanke; wenn es mir gelingen sollte, dadurch zu einem eifrigeren Studium der Schriften des uns leider allzufrüh entrissenen Lehrers anzuregen, denn diese enthalten ein Vermächtniß nicht blos an Fachmänner, sondern an das ganze Volk; sie sind bestimmt und geeignet, **die Bildung des ganzen Volks in den wichtigsten Lebensfragen auf die Höhe der Zeit zu heben.**

Blankenburg a. H., den 22. Februar 1882.

Hugo Sommer.

Vorwort zur zweiten Auflage.

Die zweite Auflage dieser Schrift, für deren überaus günstige Aufnahme ich den verständnißvollen Lesern und Beurtheilern derselben meinen wärmsten Dank sage, hat in ihrem grundlegenden Theile eine wesentliche Vervollständigung erfahren.

Bei der ursprünglichen Abfassung derselben hielt ich die einfache Verweisung auf den jedem erlebbaren Thatbestand des freien Wollens für hinreichend und zweckmäßig, da einerseits alle weiteren Ausführungen lediglich auf diesem thatsächlichen Fundamente beruhen, und ich andererseits von dem Versuche einer gedankenmäßigen Reproduction des letzteren wegen der Mehrdeutigkeit der dabei zu verwendenden Ausdrücke allerlei Mißverständnisse besorgen zu müssen glaubte. Dieser Weg hat sich, wie ich aus verschiedenen mir gemachten Einwendungen ersehe, als allzu kurz und unzulänglich erwiesen. Wir alle treten durch unsere Erziehung und unser Vorleben in den Gesichtskreis einer reich entwickelten Bildung ein, die keineswegs in ihrer ganzen Breite auf dem jedem erlebbaren und daher leicht controlirbaren Thatbestande des Unmittelbaren beruht, sondern vielfach, und grade an den wichtigsten, das Nachdenken am meisten anregenden Punkten, durch traditionelle Voreingenommenheiten gestützt ist, welche das Bewußtsein des unmittelbar Gegebenen verdunkeln. Letzteres gilt insbesondere, und dies grade ließ ich unbeachtet, von dem vielbehandelten Probleme der menschlichen Freiheit. Die einfache Verweisung auf den unmittelbar gegebenen Thatbestand genügt deshalb hier nicht, sondern es bedurfte einer sorgfältigen Ueberlegung, um den reinen unverfälschten Kern dieses Thatbestandes aus dem Gewirre der traditionellen Vorurtheile und vielfach widerstreitenden Meinungen darüber sicher herauszuschälen und dem Bewußtsein in seiner einfachen Ursprünglichkeit bloszulegen.

Dies habe ich so gewissenhaft als möglich nachzuholen versucht, und die inzwischen unter der sachkundigen Leitung des Herrn Professor Dr. E. Rehnisch in Göttingen erschienenen Dictate aus den Vorlesungen Lotze's, insbesondere die bereits in zwei Auflagen vorliegenden „Grundzüge der practischen Philosophie" haben mir dabei die trefflichsten Dienste geleistet.

Der Wegfall zweier früherer Capitel des zweiten Theils rechtfertigt sich dadurch, daß die dort behandelten Fragen nun bereits in der ergänzend hinzugetretenen principiellen Darlegung des ersten Theils, „über Wesen und Bedeutung der Freiheit", ihre Erledigung gefunden haben.

Möge die kleine Schrift in dieser verbesserten Gestalt sich auch den Beifall derer erwerben, welche der nun beseitigte Mangel der ersten Auflage zurückschreckte.

Blankenburg a. H., den 1. Januar 1885.

Der Verfasser.

Inhalt.

Einleitung.

Daß der Mensch frei und deßhalb für sein Handeln verantwortlich sei, wurde im praktischen Verlaufe des Lebens niemals ernstlich bezweifelt. Alle Einrichtungen des geselligen und staatlichen Lebens, alle Moral- und Rechtsbildungen beruhen auf dieser Ueberzeugung. Ja, die menschliche Freiheit galt von jeher als der specifische Ausdruck des wahren Menschwesens, und ihre Bedeutung wurde deßhalb stets um so höher geschätzt, je mehr die Entwickelung und individuelle Ausgestaltung des wahren Menschwesens als höchstes Ziel des Strebens und der Bildung anerkannt wurde, das heißt: je mehr die Humanität überhaupt im Laufe der Zeiten erstarkte und wuchs. In den Anfängen der Cultur, wo das Interesse des Lebens blos mit der Sorge um dessen Erhaltung erfüllt war, sehen wir den Werth des Lebens und der Freiheit der Einzelindividuen gering geachtet. Das Freiheitsbedürfniß wuchs bei allen Völkern mit dem Steigen der Cultur, es wächst noch jetzt innerhalb der Staaten bei allen Einzelindividuen mit dem Grade ihrer Bildung. Humanität und Freiheitsbedürfniß sind Correlate, die man nicht trennen kann, ohne das Wesen der ersteren zu zerstören.

Diesen Sachverhalt offenbaren uns die Erfahrung des täglichen Lebens und die Geschichte so unwiderleglich, daß es trivial erscheinen müßte, wollte ich ihn hier noch näher begründen oder beleuchten. Hätten wir es mit der Geschichte und mit dem Leben allein zu thun, so könnte die Frage nach dem Wesen und nach der Bedeutung der menschlichen Freiheit nicht in einem Zeitalter wie dem gegenwärtigen noch als „Streitfrage" behandelt werden; in einem Zeitalter, welches das Banner der Humanität nicht blos dem Namen nach hochhält, sondern die principalen Forderungen derselben thatsächlich in den Haupteinrichtungen des geselligen und staatlichen Lebens bereits zur Geltung gebracht hat.

Aber wir haben es in diesem Zeitalter der Humanität nicht blos mit dem Leben, sondern auch mit der Wissenschaft zu thun, welche die Erscheinungen des Lebens ihrem wahren Wesen und ihrem Ursprunge nach zu begreifen, und die scheinbar widersprechenden zu dem Ganzen einer systematischen Weltansicht zu vereinigen sucht.

Die Wissenschaft hat viele Erscheinungen, welche wissenschaftlich unentwickeltere Zeiten im Laufe des praktischen Lebens unbesehen und auf gut Glück wie Realitäten behandelten und verwendeten, als bloßen Schein aufgewiesen. Sie hat die wahren Sachverhalte aufgedeckt, welche jenen Schein warfen, und dadurch der Entfaltung des Lebens selbst festere Grundlagen gegeben und neue Bahnen eröffnet. Wir leben anders auf dem Planeten, der sich mit den ewigen Sternen nach festen Gesetzen durch den Weltraum bewegt, wie die Alten auf der vom Oceanos umflossenen Erdscheibe. Unsere ganze Weltansicht hat durch den Einfluß des philosophischen Nachdenkens, in letzter Zeit insbesondere durch die Reformbewegung des Kant'schen Kriticismus, durch die Einsicht in die Subjectivität alles Erkennens tiefeinschneidende Veränderung von noch nicht abzusehender Tragweite erfahren. Es bedarf keiner weiteren Beispiele, um den Satz zu begründen, daß heutzutage die Wissenschaft, und zwar nicht blos die Naturwissenschaft, sondern auch die Philosophie eine respectable Macht ist, mit der man rechnen muß, deren Ergebnisse nicht ohne Weiteres durch Berufung auf den Augenschein unmittelbarer Lebenserfahrung zu widerlegen sind.

Wir haben es daher bei der Erörterung unserer Frage nicht blos mit den Erscheinungen unmittelbarer Lebenserfahrung, sondern auch mit den Einwendungen zu thun, welche sich von Seiten der Wissenschaft aus rein theoretischen Erwägungen gegen das Vorhandensein und die Bedeutung der menschlichen Freiheit erheben. Das heißt, wir haben zu prüfen, ob die auf dem Boden des praktischen Lebens und der Geschichtsbetrachtung erwachsene Ansicht, welche das Vorhandensein der menschlichen Freiheit als unabweisliche Forderung der Humanität hinstellt, auch vor dem Forum der strengen Wissenschaft als gerechtfertigt erscheint; ob Freiheit kein in sich selbst widerspruchsvoller Begriff ist, und ob das Vorhandensein der Freiheit nicht in Widerspruch steht mit den theoretischen Anforderungen der Vernunft und mit denjenigen Thatsachen, welche nach dem heutigen Stande der Wissenschaft als zweifellose Ergebnisse der Untersuchung über das wahre Wesen der Dinge betrachtet werden müssen?

Die Einwendungen dieser Art beruhen nun in der That, wie ich zum Voraus bemerke, theils auf einem Mißverständnisse des wahren Wesens der menschlichen Freiheit, theils auf einer verkehrten Auffassung derjenigen Vernunfterwägungen und Thatsachen, respective auf der Unhaltbarkeit derjenigen systematischen Feststellungen, auf Grund deren sie erhoben sind. Es ist meine Absicht, dieselben zu widerlegen, indem ich zunächst das wahre Wesen und die wahre Bedeutung der menschlichen Freiheit jenen mißverständlichen Auffassungen gegenüber darlegen und sodann die Unhaltbarkeit der dagegen erhobenen thatsächlichen, systematischen und Vernunftbedenken nachweisen werde.

Erster Theil.

Wesen und Bedeutung der menschlichen Freiheit.

Erstes Kapitel.

Feststellung des Begriffs der Freiheit.

Freiheit im ursprünglichen positiven Sinne bedeutet die Fähigkeit, sich nach inneren Motiven selbst zu bestimmen, unter mehreren sich dem Bewußtsein gleichzeitig darbietenden Motiven zu wählen, das heißt, überhaupt etwas Bestimmtes zu wollen. Freiheit im positiven Sinne ist der allgemeine specifische Charakter des Wollens überhaupt. Wollen können wir nur, was uns im Gefühl und in der Vorstellung bewußt geworden ist, und durch den Werth, den wir ihm beilegen, Motiv zur Bestimmung unseres Willens wird. Der positive Begriff der Freiheit bedeutet also ein Wollen nach inneren Motiven, nicht ein grundloses Wollen. Die Freiheit, die Fähigkeit zur Selbstbestimmung nach inneren Motiven, setzt also ein Wesen voraus, welches irgendwie für sich ist und eigene Lebensinteressen hat, nach welchen es die relativen Werthe der sich ihm gleichzeitig im Gefühl und in der Vorstellung darbietenden Motive zu schätzen und abzuwägen vermag.

Die praktischen Bedürfnisse des Lebens bieten keine Veranlassung dar, jenen positiven Allgemeinbegriff der Freiheit aus den concreten Willensacten zu abstrahiren und zum gesonderten Gegenstande der Reflexion zu machen, wohl aber nöthigten dieselben, wie sich aus dem Folgenden ergeben wird, sehr bald zur Aufstellung eines negativen Freiheitsbegriffs.

Die Menschen lassen sich nämlich bekanntermaßen thatsächlich durch Motive der verschiedensten Art zum Wollen bestimmen, und zwar nicht immer durch solche, welche ihrem wahren wohlverstandenen bleibenden Lebensinteresse entsprechen, sondern häufig durch solche Motive, deren Werth sie blos nach vorübergehenden Neigungen und Bedürfnissen bemessen, welche ihrem wahren Lebensinteresse vielfach widerstreiten. In Anbetracht der nachtheiligen Folgen solches unüberlegten Wollens mußte daher das praktische Lebensbedürfniß schon sehr früh dazu anleiten, zwischen der Selbstbestimmung nach solchen inneren Motiven, welche dem wahren bleibenden Lebensinteresse des Wollenden entsprechen und der Selbstbestimmung nach solchen Motiven zu unterscheiden, welche nur auf vorübergehenden, dem wahren Lebensinteresse des Wollenden widerstreitenden Neigungen und Affecten beruhen. Auch die letzteren machen wir zwar zu unseren Motiven, indem wir uns durch sie zum Wollen bestimmen lassen, sie sind aber nicht unsere Motive im wahren Sinne des Worts, d. h. nicht solche, welche unserem wahren Wesen entsprechen, wenn wir dieses mit dem Soll in uns, mit unserer sittlichen Bestimmung identificiren. Jene unsittlichen Motive entfremden uns unserem wahren Wesen, sie stören und beeinträchtigen uns in dem Bestreben der Erreichung unserer sittlichen Lebensbestimmung; wir suchen uns von ihnen frei zu machen und nennen im Hinblick auf dieses praktische Bedürfniß nur den wahrhaft frei, der sich in seinem Wollen nicht durch Motive dieser Art bestimmen läßt. So führt das praktische Lebensbedürfniß zuerst zur Aufstellung eines negativen Freiheitsbegriffs. Freiheit in diesem Sinne bedeutet die Fähigkeit, sich in seinem Wollen von Motiven frei zu halten, welche unserem wahren Wesen, d. h. unserer sittlichen Bestimmung widerstreiten.

Bedeutet der durch theoretische Abstraction gebildete Allgemeinbegriff: Freiheit die Selbstbestimmung nach inneren Motiven überhaupt, ohne Rücksicht darauf, ob die entscheidenden Motive unserer wahren Natur entsprechen oder nicht, so verstand man doch im praktischen Leben unter Freiheit sehr bald nur die sittliche Freiheit, d. h. die Selbstbestimmung nach Motiven, welche unserer wahren Natur gemäß sind. Unfrei in diesem Sinne pflegt man nicht blos den zu nennen, welcher durch physischen oder psychischen Zwang, sondern auch den, welcher durch Sinnenlust, Furcht, Bosheit oder ähnliche der wahren Menschennatur widerstreitende Motive zum Wollen bestimmt wird.

Wenn wir nun erwägen, daß die Menschen, wie die tägliche Erfahrung lehrt, in ihrem Wollen leider sehr vielfach durch Motive der letzteren Art beeinflußt werden, so ist es erklärlich, daß eine gedankenlose Erweiterung jenes negativen Freiheitsbegriffs ganz allgemein dazu verleiten konnte, unter Freiheit schlechthin die Freiheit von allen Motiven zu verstehen, wodurch denn die eigentliche positive Bedeutung der Freiheit ganz aufgehoben, und die Erinnerung daran ganz in den Hintergrund gedrängt wurde.

Auf diese Weise bildete sich ein total falscher Allgemeinbegriff der Freiheit, derjenige des sogenannten liberum arbitrium indifferentiae, der Unbegriff einer Freiheit grundloser, blinder Selbstbestimmung, welcher mehr als alles andere dazu beigetragen hat, die theoretische Erörterung der großen Frage nach dem Vorhandensein und der Bedeutung der menschlichen Freiheit zu verwirren und in ganz verkehrte Bahnen zu lenken.

Der thatsächliche Boden, auf dem sich die wissenschaftliche Erörterung dieser Frage bewegen muß, wenn sie nicht in reine Gedankenspeculation ausarten soll, sind die einzelnen Acte des Wollens, welche wir unmittelbar in uns erleben. Kein einziger dieser Acte des Wollens besteht in grundloser Selbstbestimmung. Nur durch etwas, was uns wünschenswerth erscheint, also im Gefühl oder der Vorstellung uns gegenwärtig und bewußt geworden ist, werden wir zum Wollen angeregt, und der größere oder geringere Werth, den wir der Vorstellung des Gewollten beilegen, ist das einzige denkbare Motiv des Wollens. Die menschliche Freiheit besteht daher erfahrungsmäßig nur in der durch das Gefühl der sittlichen Verantwortung charakterisirten Fähigkeit zur selbständigen Entscheidung über mehrere solche dem Bewußtsein sich gleichzeitig darbietende Motive, welche nie grundlos, sondern stets durch den höheren Werth motivirt ist, welchen wir der Vorstellung des Gewollten im Momente der Entscheidung beilegen. Jeder dieser Acte des freien Wollens ist ein ursprüngliches Factum, welches eben deßhalb des Beweises nicht bedarf, welches seinem inneren Wesen, seiner Natur und Entstehung nach nicht weiter beschrieben und definirt, sondern nur erlebt werden kann. Es verhält sich damit nicht anders, wie mit allen ursprünglichen Erlebnissen, welche der letzte factische Grund aller unseren Gesichtskreis erfüllender Vorstellungen nnd Begriffsbildungen sind, aus denen sich die Vorstellung unseres eigenen Wesens und das Bild der uns umgebenden Außenwelt zusammensetzen. Wir können diese ursprünglichen Erlebnisse wohl mit Namen bezeichnen, aber nicht erschöpfend definiren, sondern nur dadurch zum Gegenstande der Mittheilung an Andere machen, daß wir diese durch Nennung des Namens auffordern, jene Erlebnisse in sich selbst nachzuerzeugen. So ist es insbesondere mit dem Wollen. Denken wir uns jemand, dem die Fähigkeit des Wollens mangelte, so würde einem solchen nie begreiflich zu machen sein, was Wollen sei und bedeute.

Wir setzen bei unsern Lesern diese Fähigkeit voraus und fordern sie auf, sich den Inhalt dessen zu vergegenwärtigen, was sie in sich erleben, indem sie wollen. Jeder, der diesen Versuch macht, wird unmittelbar inne werden, daß er dann nicht mehr will und nichts mehr wollen kann, wenn es ihm gelingen sollte, alle Motive aus seinem Innern auszutilgen, die ihn zum Wollen anregen könnten. Wir zerstören vielmehr den Begriff des Wollens von Grund aus, wenn wir uns eine Freiheit grundloser Selbstbestimmung vorzustellen suchen. Eine solche ist ein in sich selbst widerspruchsvoller Begriff, denn wir können uns in der That auch für nichts entscheiden, wenn wir durch nichts zum Wollen angeregt werden. Wir würden auch nach der gewöhnlichen Vorstellungsweise lediglich gedankenlos in den Tag hinein aber nicht frei handeln, wenn wir uns einmal ernstlich den Fall ausdenken, wir würden dabei durch gar keine Motive bestimmt. Bestände in Wahrheit das Wesen der Freiheit in blinder Selbstbestimmung, und wären alle Menschen in diesem Sinne frei, so würde sofort ein Wirrwarr ohne Ende entstehen, alle Ordnung, alle Sittlichkeit, alle Vernunft aus dem Leben schwinden. Thatsächlich hat es sich nie und nirgends so verhalten. Immer haben die Menschen, wenn sie überhaupt gewollt haben, irgend etwas gewollt, stets wurden sie durch Motive zum Wollen bestimmt, niemals haben sie bedingungslos frei gehandelt.

Der Begriff der blinden absoluten Freiheit hat daher in der unmittelbaren Lebenserfahrung gar keine Wurzeln. Er ist auf die angegebene Weise durch einseitige und falsche Uebertreibung der negativen Bedeutung der Freiheit unter Beiseitesetzung jeder Erinnerung an die eigentliche positive Bedeutung derselben entstanden, sein Wesen beruht auf der gedankenlosen Verwechselung einer Bedingung zur zweckentsprechenden Ausübung des freien Wollens, nämlich der Negation des Zwanges und Affects, mit dem wahren positiven Inhalte des Freiheitsbegriffes selbst. Jene negative Bedingung der gedeihlichen Freiheitsausübung läßt aber, wie jedermann einsieht, den positiven Inhalt dieser völlig unberührt, sie schafft gewissermaßen nur Platz für die Stelle, wo der Begriff der wahren sittlichen Freiheit stehen soll, ohne diese Stelle selbst auszufüllen. Wo kein Zwang herrscht, kann man sich frei entschließen, wo kein Affect den Menschen überwältigt, kann er sich frei seiner wahren sittlichen Natur gemäß entfalten. Die Hauptsache ist hier, daß der Mensch sich überhaupt zu irgend etwas entschließen, daß er überhaupt irgend etwas wollen könne, und eine specifisch bestimmte Natur habe, eine innere Norm in sich trage, welcher gemäß er sich entfalten kann. Diese specifisch bestimmte Natur des Menschen allein kann uns über die eigentliche positive Bedeutung der Freiheit aufklären.

Ich hoffe, durch diese scharfe Trennung der negativen und positiven Bedeutung des Freiheitsbegriffs und die gänzliche Ausscheidung des liberum arbitrium indifferentiae, dessen Hereinziehung diese hochwichtige Frage so sehr verwirrt hat, endlich einiges Licht in den Wirrwarr der widerstreitenden Ansichten zu bringen und den wahren einfachen Kern der Sache, wie die durch theoretische Vorurtheile unbeirrte unmittelbare Lebenserfahrung ihn der Beobachtung darbietet, klar und sicher herauszuschälen.

Zweites Kapitel.

Wesen und Bedeutung der Freiheit.

Die unmittelbare Lebenserfahrung offenbart uns mit zweifelloser Evidenz, daß wir frei sind in unseren Willensentschließungen, daß wir uns in all unserem Wollen selbst bestimmen können nach inneren Motiven, welche sich unserem Bewußtsein gleichzeitig, wenn auch in verschiedenen Klarheitsgraden, sei es im Gefühl, sei es in der Vorstellung darbieten. Dies erleben wir unmittelbar, dies ist die gegebene factische Ausgangsbasis aller wissenschaftlichen Untersuchungen über das Wesen der Freiheit, der zuerst gewisse Punkt, welcher nicht erwiesen zu werden braucht, weil er als unmittelbar gewiß erlebt wird. Die weitere Untersuchung kann nur den Zweck haben, sich das wahre Wesen und die wahre Bedeutung der Freiheit nach allen Richtungen hin klar zu veranschaulichen und jenen zuerst gewissen Punkt mit den scheinbar widersprechenden sonstigen Thatsachen der Erfahrung in Einklang zu bringen.

Um diese manchem Leser bei ihrem Beginn vielleicht überflüssig erscheinende und doch, wie sich bald herausstellen wird, so hochwichtige Untersuchung im vollen Umfange sachgemäß erledigen zu können, muß ich mit einer kurzen Uebersicht des ganzen Gebiets unmittelbarer Lebenserfahrung beginnen. Es erscheint mir dies um so nöthiger, als die leider noch wenig bekannten und doch so sehr wichtigen Untersuchungen Lotze's in der Auffassung und rechten Würdigung jenes Gebiets jetzt eine fundamentale Umgestaltung herbeigeführt haben, deren Ergebnisse über unsere Frage ein helles Licht verbreiten.

Den ersten Anstoß zu dieser heilsamen Umgestaltung gab Kant, indem er auf den subjectiven Ursprung aller den menschlichen Gesichtskreis erfüllenden Erscheinungen und Vorstellungen hinwies, und die Sondirung dieser subjectiven Erkenntnißquelle als das Hauptproblem aller Philosophie hinstellte. Aber Kant konnte sich von den Irrungen der alten Metaphysik noch nicht vollständig losmachen. Sein Denken war von dem, mit einer der wahren Sachlage nicht entsprechenden Wichtigkeit behandelten Gegensatze zwischen „Erscheinung" und „Ding an sich" und von dem Vorurtheile, daß das Wesen des letzteren das eigentliche Ziel des Erkennens, und die innere Welt der Erscheinung lediglich zum Abbilden jenes bestimmt sei, noch zu sehr beherrscht, als daß er auf den Gedanken hätte kommen können, der Thatbestand der inneren Erlebnisse repräsentire an sich selbst schon einen so bedeutsamen Inhalt und so bedeutsame Momente des Geschehens, daß daraus allein schon der Werth des Wirklichen und das Ziel des Weltprocesses erkannt werden könne, und daß die Verdeutlichung dieses Ziels und die rechte Würdigung jenes Werthes überhaupt den vornehmsten und letzten Zweck alles Erkennens und

Wissens bilden müsse. Er betrachtet die von ihm zuerst in vollem Umfange constatirte Subjectivität alles Erkennens vielmehr als einen Mangel, der alle Metaphysik unmöglich machen soll. Lotze steht, wie ich kürzlich an anderer Stelle ausführlicher dargelegt habe*), zu Kant in einem ähnlichen Verhältniß wie Newton zu Kepler. Wie jener durch die Entdeckung des Gravitationsgesetzes den Entstehungsgrund und inneren Zusammenhang der von diesem als thatsächlich vorhanden entdeckten Bewegungsgesetze der Himmelskörper darlegte, so gelang es Lotze, den von Kant hervorgehobenen Thatbestand der Subjectivität alles Erkennens in seiner gesetzlichen Nothwendigkeit als eine Folge des allgemeinen Gedankens der Wechselwirkung zu erklären, von welcher das Erkennen, insoweit es durch äußere Anreize bedingt ist, nur einen Specialfall bildet.

Während Kant die Unerkennbarkeit des eigenen Ich deßhalb behauptete, weil er im Ich etwas suchte, was der menschlichen Einsicht allerdings ewig verschlossen bleiben wird, nämlich einen substantiellen Kern, vermöge dessen es dem Ich gelinge, überhaupt dazusein, und weil er nur durch die Erkenntniß dieses eigentlichen Was im Ich das wahre Wesen des letzteren verstehen zu können wähnte, hat Lotze überzeugend entwickelt, daß diese Erkenntniß zum Verständniß unseres wahren Wesens in der That nichts beitrage, sondern nur die Frage betreffe, wie Sein und Dasein überhaupt gemacht werde, wie es dem schaffenden Weltgeiste gelinge, unser und alles Leben in der Wirklichkeit zu befestigen, und daß die Beantwortung dieser Frage nur dann unabweisbares Bedürfniß der Metaphysik sein würde, wenn es unsere Aufgabe wäre, die Welt zu schaffen, anstatt Werth und Bedeutung der Geschaffenen zu würdigen und zu verstehen. Nur ein altes, in seinen Consequenzen sehr verhängnißvolles Vorurtheil hat daher Lotze be-

*) Preußische Jahrbücher Bd. XLVII. S. 177—195.

seitigt, indem er darauf hinwies, daß uns in dem, was wir unmittelbar erleben, bereits der volle Inhalt und das wahre Wesen unseres Ich in allen denjenigen Beziehungen offenbar und anschaulich wird, welche für das wahre Ziel des menschlichen Lebens und Wissens überhaupt in Frage kommen. Lotze hat uns zuerst das wahre Verständniß des Unmittelbaren eröffnet und dadurch die Reformbewegung des Kriticismus vollendet. Während Kant, noch mitten auf dem Oceane metaphysischer Vorurtheile schwimmend nur den Compaß richtete und mit zwingenden Gründen die Gegend bezeichnete, wo das gesuchte Land, welches die Grundlage aller späteren metaphysischen Forschung bilden sollte, zu finden sei, hat Lotze dieses Land wirklich entdeckt. Das Land lag nicht in der Ferne, wo man es vergeblich suchte; es lag fest unter uns, wir standen längst darauf; der unabsehbare Ocean nur, auf dem wir zu schwimmen schienen und doch nicht schwammen, war ein Meer von Vorurtheilen und Irrlehren, welches uns scheinbar emporgehoben und von dem Boden des Wirklichen getrennt hatte. Lotze hat diese Vorurtheile beseitigt und uns klar und offen dargelegt, daß dasjenige, was wir unmittelbar in uns erleben, die einzige und ganze ursprünglich gegebene thatsächliche Basis alles unseres Wissens und Erkennens sei und daß wir keine Wissenschaft anders und tiefer begründen können, als dadurch, daß wir ihre Wurzeln in dem Gebiete der unmittelbaren Lebenserfahrung aufsuchen.

Alle inneren Erlebnisse sind Formen des Geschehens, nicht Ausdrücke eines veränderungslosen ruhenden Seins; sie sind Erlebnisse, Momente des Lebens, Zustände unseres lebendigen Ich, nicht Qualitäten einer beharrenden Substanz. Soweit unsere Erfahrung reicht, ist nur das Lebendige wirklich, das Todte, Unlebendige kann für uns nur in der Vorstellung erscheinen, nicht unmittelbar von uns als wirklich erlebt werden. Gegenstand der Wahrnehmung und Reflexion können ferner nur solche Zustandsänderungen unseres Wesens werden, welche uns direct oder indirect zum Bewußtsein kommen, und bewußte Zustandsänderungen kann nur ein Wesen erleiden, welches in irgend welcher Weise für sich ist. Alle unsere Zustandsänderungen haben daher das Gemeinsame, daß sie Momente des Fürsichseins ein und desselben Wesens sind, eines Wesens, dessen Realität eben deßhalb, so weit unsere Erfahrung und unser Nachdenken reicht, nur im Fürsichsein bestehen kann. Wir würden ferner die nacheinander erlebten Zustände nicht als unsere Zustände bezeichnen, wir würden sie nicht von einander unterscheiden, mit einander vergleichen können, wenn wir sie nicht in der Erinnerung festzuhalten und in der Einheit ein und desselben Bewußtseins mit einander verknüpfen könnten.

Wenn wir alle diese charakteristischen Merkmale unserer inneren Erlebnisse zusammenfassen, so werden wir uns unmittelbar bewußt, daß wir einheitliche Wesen sind, daß mithin jede erlebte Zustandsänderung eine Aenderung unseres ganzen Wesens ist, denn wenn sie sich blos gleichsam auf einzelne Provinzen unseres Wesens erstreckte, andere dagegen ganz unberührt ließe, so zerfiele unser Wesen in einzelne Theile, welche nichts von einander wüßten; wir wären dann nicht ein, sondern eine Vielheit von Wesen, und die verschiedenen Erlebnisse der letzteren würden sich nicht, wie es doch die Beobachtung thatsächlich lehrt, in der Einheit ein und desselben Bewußtseins verknüpfen lassen.

Eine einfache Selbstbeobachtung lehrt nun, daß alle unsere inneren Erlebnisse sich vorwiegend als Momente des Fühlens, Vorstellens und Wollens darstellen. Der Inhalt dessen, was mit diesen Begriffen gemeint ist, läßt sich, da er etwas rein Thatsächliches bedeutet, welches die ursprüngliche Basis aller Vorstellungen und Begriffsbildungen ist, nicht beschreiben, sondern nur erleben. Es ist die ursprüngliche specifische Natur unseres Wesens, welche sich in diesen Formen des Fühlens, Vorstellens und Wollens offenbart. Der oft gemachte Versuch, dieselben auf einander zurückzuführen und aus einander abzuleiten, scheiterte stets an der Eigenartigkeit ihres specifischen Charakters, der das wahre Wesen des Geistes in jeder dieser Formen auf eine ganz besondere Weise zum Ausdruck bringt. Ich darf mir die nähere Darlegung dieser Verschiedenheiten wohl ersparen, nachdem Lotze dieselbe bereits in seinem Mikrokosmos (Band I Buch 2 Cap. 2) so meisterhaft entwickelt hat. Verhalten sich diese Grundfunktionen alles individuellen Geisteslebens nun auch incommensurabel zu einander, so folgt doch aus obiger Betrachtung, daß sie nicht von einander unabhängige Seelenvermögen sein können, welche beziehungslos unter einander mit getrennten Wurzeln verlaufend sich in den Boden der Seele nach gesonderten Provinzen theilen könnten. Alle Acte des Fühlens, Vorstellens und Wollens sind vielmehr lebendige Erregungen unseres ganzen Wesens, die nur vorwiegend einen besonderen specifischen Character in einer der drei bezeichneten Richtungen an sich tragen. Keine Vorstellung verläuft ohne alle Theilnahme des Gemüths oder des Begehrungsvermögens. Kein Gefühl bewegt uns, ohne die intellectuelle Sphäre irgendwie zu berühren und sich in einem wenn auch noch so unbestimmten Vorstellungskreise gedanklich oder bildlich zu formuliren. Wir können endlich, und das ist hier die Hauptsache, nichts wollen, was nicht durch den gefühlten Werth, den wir seiner Vorstellung beilegen, uns eben zum Wollen angeregt hätte.

Also auch im Wollen tritt die ganze Natur des wahren Menschwesens in bestimmter Form hervor. Sie tritt hier in ihrer selbstschöpferischen Bethätigung hervor als ein actives, spontanes Vermögen, das einzig in seiner Art ist und daher in seiner Thatsächlichkeit nur erlebt, nicht aber, sei es durch Unterordnung unter andere bereits bekannte Allgemeinbegriffe, sei es durch Hervorhebung irgend welcher Analogie mit anderen bekannten Vorgängen noch näher definirt oder beschrieben werden kann.

Ich habe mich daher in der ersten Auflage dieser Schrift mit der einfachen Hinweisung auf die reine Thatsächlichkeit des freien Wollens begnügt und dasselbe nur nach einer Richtung hin, nämlich durch die Hervorhebung seiner Verschiedenheit von dem mechanischen Wirken, zu characterisiren versucht. Verschiedene nicht unbegründete Bedenken, welche gegen meine frühere Darstellung erhoben wurden, veranlassen mich jedoch, jener einseitigen negativen Characteristik, um alle Zweifel auszuschließen, noch eine ergänzende positive hinzuzufügen, welche den Zweck hat, Sinn und Inhalt jener für unsere ganze Weltansicht grundlegenden Thatsache des freien Wollens, dem Bewußtsein meiner Leser soweit als thunlich näher zu rücken.

Jeder Act des freien Wollens ist ein ursprüngliches Factum, welches dem bisherigen Bestande der Welt etwas Neues hinzufügt, was durch die mechanische Wirkung der vorangegangenen Ereignisse nicht vollständig begründet war.

Dieses Neue besteht nicht blos in der Entschließung des Wollenden für eine der verschiedenen sich dessen Bewußtsein gleichzeitig darbietenden Wollenseventualitäten, sondern zugleich in der schwächeren oder stärkeren fortwirkenden Energie, mit welcher der Wollende den gefaßten Entschluß gegenüber dem Andrängen der anderen entgegenstehenden Motive in seinem inneren Geistesleben durchzusetzen sucht. Der Entschluß bestimmt nur die Richtung des Wollens. Er allein genügt bekanntlich nicht, das Gewollte auch wirklich zu vollbringen und durchzusetzen. Dazu bedarf es einer fortwirkenden Energie, welche die zur Ausführung des Entschlusses nöthigen Kräfte des Geistes und Körpers in Spannung versetzt und antreibt, in der Richtung des gefaßten Entschlusses zu wirken, z. B. das Bewußtsein und das Gefühl des Werthes des gewollten Zieles in sich selbst zu kräftigen, die sich entgegendrängenden Verlockungen zu überwinden, die Mittel der Ausführung zu ersinnen und allen Hindernissen und Mühen zum Trotze in's Werk zu setzen. Dieses zweite Moment ist die Intensität des Wollens, die sich nur in dem Maße geltend machen kann, als sie als wirkende Kraft auftritt und die übrigen Geisteskräfte des Wollenden in seinen Dienst zwingt.

Ein Beispiel möge dies veranschaulichen. Ein Beamter ist in der Lage, ein schwieriges, weitläuftiges und lästiges Geschäft besorgen zu sollen, dessen Erledigung nach seinem pflichtmäßigen Ermessen keinen Aufschub duldet, obwohl ihm persönlich kein Nachtheil aus der Nichtbesorgung desselben erwachsen kann. Er ist jedoch nicht disponirt dazu und möchte sich gern seiner Pflicht unter irgend welchen Vorwänden entziehen. Daneben verlockt ihn das schöne Wetter, spazieren zu gehen und, um ihm die Sache vollends schwer zu machen, wird ein angesehener Freund aus der Residenz angemeldet, von dessen Unterhaltung er sich den größten Genuß und die Erfüllung des lange gehegten Wunsches einer Beförderung verspricht. Verschiedene Motive streiten also in seiner Seele und es hängt allein von seiner Entschließung ab, welchem derselben er folgen will. Er entscheidet sich, vielleicht mit innerem Widerstreben, für die Besorgung des Geschäfts. Jedermann sieht ein, daß es mit dem Entschlusse allein nicht gethan ist. Er setzt sich an den Schreibtisch und beginnt seine mühsame Arbeit, während seine Indisposition, das schöne Wetter und der wartende Freund beständig in seiner Phantasie aufsteigen, sich zwischen seine Gedanken drängen und ihn von seinem Vorsatze abwendig zu machen suchen. Er kann diesen nur durchsetzen, indem er seine Geisteskräfte aufbietet und die entgegenstehenden Verlockungen überwindet und daneben seinen Scharfsinn anspornt, die Ueberlegungen, welche die Erledigung des Geschäftes erfordert, correct und gewissenhaft anzustellen, bis letztere ihm endlich nach langem, mühsamen Kampfe gelingt. Dieser Beamte ist nach der Schilderung kein Tugendheld, aber ich wählte das Beispiel, weil gerade die Veranschaulichung des inneren Widerstreits der Motive jenes zweite Moment der

Intensität und Energie des freien Wollens um so deutlicher erkennen läßt.

Beide Momente des Wollens entspringen der freien Initiative des Wollenden. Sie sind schöpferische Acte, in denen der Wollende sein Wesen gestaltet und erweitert, in denen er zugleich Einwirkungen mannichfach bestimmender Art auf seine Umgebung ausübt und in den mechanischen Ablauf des Geschehens eingreift. Die unmittelbare Selbsterfahrung lehrt, daß der Wollende in allen Fällen, wo er sich entschied und seine Kraft einsetzte, anders hätte handeln können, wenn es ihm beliebt hätte. Der sicherste Beweis hierfür ist das Gefühl der Verantwortlichkeit vor der That und das Gefühl der Befriedigung oder Reue, welches den Thäter nach derselben überkommt. Dieses Gefühl bezeugt uns unwiderleglich, daß wir frei sind in unseren Entschlüssen und in der Kraft, sie durchzuführen, insoweit es an uns liegt, denn wären wir darin nicht frei, so könnten wir uns für das, was wir wollen und durch unser Wollen erreichen, nicht verantwortlich fühlen. Freiheit und Verantwortlichkeit sind Correlate, die sich gegenseitig bedingen.

Die hohe Bedeutung, welche dieser Sachverhalt dem Leben des Menschen verleiht, liegt klar auf der Hand. Der Mensch ist nicht blos für sich, sondern er ist berufen, durch selbstschöpferische Arbeit aus sich zu machen, was ihm die Anlage seines Wesens zu sein befiehlt. Es ist der specifische Grundcharacter des Menschen, daß dieser sein eigenes Wesen erst durch freie Selbstthätigkeit verwirklichen soll. Der erhabene Endzweck, die hohe Beseligung und Befriedigung, welche er durch seine Lebensarbeit zu erreichen vermag, können eben auf keine andere Weise entstehen. Allein auf dem mühsamen Wege der Selbstüberwindung und der beständigen Arbeit freier Willensbethätigung wird das Verständniß und die Empfänglichkeit für den Werth jenes Endziels selbst erst gewonnen. Der Mensch ist seines eigenen

Glückes Schmied. In dieser Fähigkeit und Kraft des freien Wollens steht der Mensch einzigartig und über der Kette der anderen Naturwesen hoch erhaben da. Er steht da als freier Mitarbeiter an dem Ganzen des Weltprocesses, wenn auch dessen Gesetzen unterthan, denn er soll nicht blos sich selbst, sondern auch seine Umgebung, durch seine freie Selbstbethätigung gestalten. Er soll nicht blos in egoistischer Vereinzelung sich selbst helfen, sondern auch denen, die mit und neben ihm berufen sind, demselben hohen Ziele zuzustreben. Erst in der Gemeinschaft mit den anderen Menschen und in dem gemeinsamen Zusammenwirken aller erwächst und erblüht die Kraft menschlichen Wollens in voller Breite und Tiefe. Es ist der hohe Beruf des Menschen, aus der Initiative seines individuellen Geistes dem Ganzen dieser Gemeinschaft, und dem Ganzen der Welt, wovon jene ein Theil ist, beständig neue Anfänge und Impulse hinzuzufügen und seine individuelle Begeisterung für das Wahre, Gute und Schöne durch seine freie Willenskraft in dem Umfange geltend zu machen, als solches die ihm zu Gebote stehenden Mittel und der Mechanismus des Naturlaufs gestatten. Findet sein Wollen hier auch oft unüberwindliche Schranken, an sich selbst ist der Mensch sowohl in der Freiheit seiner Willensentschließungen wie in der energischen Kraft ihrer Bethätigung völlig unbeschränkt. Groß und bewundernswerth in der That ist diese im Princip ganz unüberwindliche Kraft des freien Wollens! Nichts in der Welt kann den freien Willen des Menschen brechen, der fest und treu auf seinem Entschlusse beharrt, keine Drohungen, keine Verlockungen, keine Marter, selbst nicht die Schrecken des Todes! Zahlreiche Beispiele aus der Geschichte beweisen dies auf's Unwiderleglichste, und jeder kann es jeden Augenblick in sich selbst erleben, wenn er allen Anfechtungen gegenüber gewissenhaft und standhaft an dem festhält, was das Gewissen gebietet.

Es giebt zwar eine kleinliche Art von Sophistik, welche diesen bedeutsamen Thatbestand zu entwerthen sucht, indem sie jeden Willensact als völlig determinirt durch die Summe der vorangegangenen Motive hinstellt. Theoretisch läßt sich eine solche Deutung schwer widerlegen, da sie auf der Wahl einer an sich zulässigen Möglichkeit der Erklärung beruht. Es wird, wenn man sich eine bereits geschehene Handlungsweise nachträglich überlegt, immer den Anschein haben, als hätte das ausschlaggebende Motiv durch die Kraft des ihm beigemessenen höchsten Werthes die Entscheidung mit Nothwendigkeit in der geschehenen Weise herbeiführen müssen. Aber nur derjenige wird sich diesem Anscheine kritiklos ergeben und die darauf basirte deterministische Erklärung gelten lassen, dem das Gewicht der ihr widerstreitenden Thatsachen entgeht, welche sie practisch unmöglich machen. Das Gewicht dieser Thatsachen beruht freilich allein auf gefühlsmäßiger Werthschätzung und läßt sich dem durch theoretische Gründe nicht begreiflich machen, der es nicht empfindet. Wer die Gefühle der Verantwortlichkeit oder der Reue nicht kennt oder für nichts achtet, für den existiren sie eben nicht, der wird sie auch in einer theoretischen Beweisführung nicht gelten lassen.

Aber doch sollte man denken, daß schon die Erwägung der practischen Folgen von einer solchen deterministischen Mißdeutung abschrecken müßte. Wäre sie richtig, so hätte der Mensch überhaupt keinen Willen. Das, was wir als Wille in ihm bezeichnen, wäre dann ein reiner Act mechanischen Wirkens, der sich von den Vorgängen in der äußeren Natur in nichts unterschiede. Es gäbe dann weder Gewissen noch Verantwortlichkeit. Die Sünden und Verbrechen, welche jemand begeht, wären dann einfach Unglücksfälle, die ihm just passirt wären, wie sie jedem Anderen jeden Augenblick auch passiren könnten, Unglücksfälle, die er nicht zu hindern im Stande gewesen wäre, und die ihm nicht höher angerechnet werden könnten, als wenn ihn etwa ein Ziegel vom Dache getroffen hätte oder ein naher Angehöriger gestorben wäre. Die

Reue wäre dann eine unerklärliche und ungerechtfertigte Selbsttäuschung, die Bestrafung des Verbrechers ein grausamer Act der Barbarei, den man nicht einmal durch die Abschreckungstheorie rechtfertigen könnte, da diese ja auf der Voraussetzung beruht, daß der Mensch sich abschrecken läßt, also nicht in allen Fällen gezwungen ist, so zu handeln, wie er handelt. Unerklärlich wie die Reue wäre dann die sittliche Standhaftigkeit und Energie, welche den dornenvollen Weg der Entsagung den starken Reizen sündlicher Verlockung gegenüber vorzieht. Wie es nicht Sünde und Verbrechen gäbe, so gäbe es auch kein Verdienst, und alle Anerkennung eines solchen wäre eine ungerechtfertigte Huldigung des zufälligen Erfolges. Der Werth des Lebens würde sich auf den passiven Genuß der sich mechanisch abspielenden Ereignisse reduciren, und für die Wunden, welche der zufällige Ablauf dieser schlüge, gäbe es keinen Trost, als die nichtige Phrase, daß Alles eitel sei. Die Consequenz eines solchen Determinismus, der unsere ganze sittliche Weltanschauung aus den Fugen treiben würde, wäre der thatlose Fatalismus und der Stillstand aller Kultur.

Angesichts dieser Consequenzen und der im practischen Leben gottlob jetzt noch herrschenden sittlichen Mächte erscheint es fast ebenso unklug, an die theoretisch allerdings als denkbar erscheinende deterministische Entstehungsweise der menschlichen Handlungen zu glauben, als wenn man sich die ganze Welt, wie sie sich der Beobachtung darbietet, aus einem zufälligen Zusammenwirken blinder Kräfte entstanden denken wollte. Auch die Denkbarkeit einer solchen Entstehungsweise der Welt läßt sich theoretisch kaum widerlegen, wenn man die Werthe, welche der Weltlauf in dem Leben der Menschen zu Tage fördert, und welche nur dem offenbar werden, der sie als solche empfindet, für nichts achtet, und wenn man sich zugleich darauf capricirt, die thatsächlich beobachteten Züge von Zweckmäßigkeit und Ordnung, welche der Weltlauf aufweist, für nichts zu halten als für zufällige Combinationen chaotischer Kraftwirkungen, an deren Stelle ein äquivalenter anderer Zufall auch beliebige andere, weniger bedeutsam erscheinende hätte aufwerfen können.

Solche Erklärungen wird, der bloßen Denkbarkeit und theoretischen Unanfechtbarkeit zu Liebe, doch nur derjenige vorziehen, welcher sophistische Spitzfindigkeiten über das Gewicht der widerstreitenden Thatsachen stellt. Wer das, allerdings nur in der gefühlsmäßigen Werthschätzung beruhende, Gewicht solcher Thatsachen, wie die angeführten, verleugnet, der verleugnet sich selbst und die moderne Kultur, auf deren Boden er steht, denn diese ist ihrem ganzen Umfange nach lediglich auf dem Grunde der sittlichen Freiheit erwachsen. Solche Verirrungen sollten die Continuität gesunder Bildung nicht mehr unterbrechen und stets aufs Neue deren sämmtliche Ergebnisse in Frage stellen; man sollte endlich einsehen lernen, daß die richtige und sachgemäße Würdigung des Thatsächlichen höher steht, als alle sophistische und speculative Denkgymnastik, welche nur auf leeren und gehaltlosen Möglichkeiten balancirt.

Aber so thöricht auch die Leugnung des freien Wollens und dessen Verwechselung mit dem mechanischen Geschehen ist, so lehrreich ist doch die Erwägung der Schwierigkeiten, welche sich aus der Gegenüberstellung des allgemeinen Causalnexus, der erfahrungsmäßig in allem mechanischen Geschehen waltet, mit der inneren Erfahrung des freien Wollens ergeben.

Wir wollen jedoch diese vielfach übertriebenen Schwierigkeiten zunächst auf ihr rechtes Maß reduciren, indem wir einige ganz unbegründete Vorurtheile beseitigen, welche sich in Betreff der Bedeutung und der Ausschließlichkeit des Causalnexus in das Bewußtsein der Zeitgenossen allmählig eingeschlichen haben. Das Causalgesetz ist zuerst nicht, wie vielfach angenommen wird, eine denknothwendige Wahrheit, sondern ein Erfahrungssatz, welcher der inneren Erfahrung der Freiheit nur mit einem gleichwerthigen, nicht aber einem größeren Anspruche auf Beachtung, als letztere gegenübertritt. Es ist nicht denknothwendig, Allem was geschieht eine Ursache voranzudenken oder einen gesetzlichen Zusammenhang in allem Geschehen anzunehmen. Der deutlichste Gegenbeweis gegen die erstere Annahme ist die Unvollendbarkeit der Causalreihe selbst. Wir können uns keine erste Ursache denken, welche selbst wieder Wirkung einer früheren Ursache wäre, denn sonst wäre sie ja nicht die erste. Wir müssen vielmehr das ursprüngliche Sein der Welt und eine bestimmte Richtung der Bewegung in ihr voraussetzen, um das ganze Reich der Wirklichkeit, in dem der Causalnexus realisirt ist, überhaupt nur begreiflich zu finden, einen Anfangszustand, aus dem die Welt, wie sie jetzt ist, hervorgegangen ist. Wir können auch, da unsere Wahrnehmung nur das Gegenwärtige erfaßt und nicht in vorweltliche Sphären übergreift, die Geltung des Causalgesetzes nur in der jetzt bestehenden Welt erfahrungsmäßig constatiren. Aber auch hier reicht unsere Erfahrung nicht weiter als unsere Wahrnehmung. Wir können die Geltung dieses Gesetzes nicht überall erfahrungsmäßig constatiren, und gewinnen nur durch Schlußfolgerung an der Hand sehr triftiger Analogieen und durch Vernunfterwägungen, welche uns bestimmen, ausnahmslose Ordnung und Gesetzlichkeit in der Welt zu vermuthen, die Ueberzeugung, daß das Causalgesetz ganz allgemein, also auch dort gelte, wohin unsere Wahrnehmung nicht reicht.

Der Sinn dieses mit Grund als allgemeingültig vorausgesetzten Causalgesetzes ist aber nur der, daß alle Elemente und Kraftwirkungen, welche zu dem factischen Bestande der Welt gehören, dessen Herrschaft unterworfen sind. Die Geltung des Causalgesetzes schließt mithin nicht aus, daß zu dem vorhandenen Bestande der Welt neue Elemente oder Wirkungen, mithin neue Anfänge, beständig hinzutreten. Sie fordert als nothwendige Consequenz nur, daß diese neuen Anfänge sofort mit ihrem Eintritt in die Weltwirklichkeit den Gesetzen dieser unterliegen müssen. Jede Erschaffung einer Seele oder jeder Act des freien Wollens, dessen Thatsächlichkeit die unmittelbare Selbsterfahrung constatirt, ist ein solcher neuer Anfang, der, wie die Erfahrung gleichfalls lehrt, mit seinem Eintritt in die Welt der Wirklichkeit deren Gesetzen unterworfen wird. Diese innere Erfahrung widerstreitet dem Causalgesetz ebenso wenig wie die denknothwendige Annahme, daß aller Weltwirklichkeit und allem causalen Wirken irgend ein ursprünglicher Anfangszustand vorausgegangen sein müsse. Es ist mithin gar kein Widerstreit zwischen Freiheit und Causalnexus. Es ist nicht der durch die Erfahrung als wirklich constatirte Sachverhalt, der zur Annahme eines solchen Widerstreits führt, sondern ein weiteres Vorurtheil, es ist das durch eine falsche Uebertreibung der Tragweite des Causalgesetzes und durch analoge aber ungerechtfertigte Ausdehnung der physikalischen Gesetze der Constanz der Masse und der Erhaltung der Kraft entstandene Vorurtheil, daß die Welt einen abgeschlossenen Bestand bewegter Elemente bilde, zu dem nichts Neues hinzutreten könne.

Das Gesetz der Constanz der Masse mag auf sich beruhen bleiben, da es sich nur auf die physischen Elemente der Welt bezieht und mit unserer Frage in keinem nachweisbaren Zusammenhange steht. Das Gesetz der Erhaltung der Kraft, dessen Geltung wir in seiner ursprünglichen physikalischen Bedeutung nicht beanstanden, lehrt nur die Aequivalenz aller beobachtbaren physikalischen Kraftwirkungen, welche einander gegenseitig bedingen, daß z. B. eine gleiche mechanische Kraft nöthig ist, um ein bestimmtes Wärmequantum in derselben Stoffmenge zu erzeugen, und umgekehrt. Es ist aber ganz unanwendbar auf das Verhältniß der Willensacte und der physikalischen Kraftwirkungen (Körperbewegungen), welche dadurch angeregt werden. Wir sind zweifellos im Stande, durch die Energie unseres Willens unsere

Glieder zu bewegen und dadurch Veränderungen in der Außenwelt hervorzubringen, aber wir sind außer Stande, die aufgewandte Energie des Wollens zu messen und mit den Größen der dadurch hervorgebrachten physikalischen Wirkungen in meßbare Relation zu setzen. Noch weniger können wir umgekehrt gewisse Veränderungsgrößen der Außenwelt in meßbare Quantitäten correspondirender Willensenergie umsetzen. Mag daher auch die Psychophysik eine gewisse Aequivalenz zwischen den Intensitätsgraden sinnlicher Empfindungen und den sie veranlassenden Bewegungsgrößen der Außenwelt (Licht- oder Schallschwingungen oder Eindrücken auf die Haut) aufweisen, so liegt in diesen vereinzelten Ergebnissen der Untersuchung kein zureichender Grund zu der daraus gefolgerten Erweiterung des Gesetzes der Erhaltung der Kraft auf das ganze Gebiet des psychischen Geschehens überhaupt. Gesetzt aber auch, eine solche Geltung desselben wäre klar erwiesen, so würde daraus wiederum nicht folgen, daß keine neuen Wirkungen zu dem Bestande der früheren hinzutreten könnten, sondern nur, daß die durch freie Willensacte neu eingetretenen äquivalente Nervenprocesse und Bewegungsgrößen in den Muskeln hervorrufen müßten, also etwas, was der Freiheit gar nicht widerstreitet. Der weitergehende Einwand, daß aus der Aequivalenz der beobachteten Kraftwirkungen nothwendig die Constanz der Gesammtsumme aller, mithin der Ausschluß des Hinzutritts neuer Wirkungen, in alle Ewigkeit folge, ist ganz willkürlich, denn aus den Fällen der beobachteten Aequivalenz folgt eben die Constanz der Gesammtsumme des Wirkens nicht. Ein solcher Schluß wäre nur dann gerechtfertigt, wenn das bereits bewiesen wäre, was man mittelst eben dieses Schlusses erst beweisen will, daß es nämlich keine neuen Anfänge des Geschehens geben könne, weil alles mögliche Geschehen sich auf einen wechselsweisen Austausch bereits bestehender Kraftwirkungen beschränke. Dem widerstreitet aber gerade das, was wir jeden

Augenblick in uns selbst erleben und erfahren, indem wir durch unsere freien Willensentschlüsse die Gesammtsumme des bisherigen Geschehens stets um neue Anfänge neuer Wirkungsreihen bereichern. Man kann die Thatsache dieser inneren Selbsterfahrung verkennen, aber man darf sich nicht einbilden, ihre Unmöglichkeit ans einer willkürlichen und unbewiesenen Hypothese erschließen zu können*).

Sehen wir von diesen selbstgeschaffenen Schwierigkeiten ab, so wird uns klar, wie beide Ergebnisse der Erfahrung, das Vorhandensein der Freiheit einerseits, wie das Bestehen des allgemeinen Causalnexus andererseits, sich sehr wohl mit einander vertragen und neben einander bestehen können. Wie es einen ursprünglichen Anfangszustand gegeben haben muß, sei es das ewige Leben eines persönlichen Gottes oder eine andere Daseinsqualität, aus der die Welt mit dem in ihr geltenden Causalnexus entstanden sein muß, so fügen alle freien Willensacte der lebendigen Wesen dem Bestande der Welt, zu welcher sie selbst gehören,

*) Dies zur Entgegnung dem „Positivisten" Laas, der mir in einer mehr selbstgefälligen und schulmeisterlich-bornirten als verständnißvollen Beurtheilung der ersten Auflage dieser Schrift die Frage entgegenwirft, wie ich die Freiheit mit dem Gesetze der Erhaltung der Kraft in Harmonie zu setzen gedenke? Vage naturwissenschaftliche Analogieen, die freilich einer gewissen Richtung des Zeitgeschmackes sacrosanct sind, weil sie aus der Werkstätte der Physik stammen, und ein wenig nach dem Spülwasser exact-wissenschaftlicher Methode schmecken, erscheinen diesem Herrn beweiskräftig genug, um sie als Gegengrund gegen das Vorhandensein der menschlichen Freiheit mit Siegeszuversicht in's Feld zu führen. Es ist das eine leichtfertige Unbedachtsamkeit, die sich selbst richtet und zugleich den Standpunkt dessen grell genug beleuchtet, der an ihr Geschmack findet. Man stellt willkürliche, über den Kreis ihrer ursprünglichen Berechtigung erweiterte Hypothesen über selbsterlebte Thatsachen, weil man kein Verständniß für die letzteren hat, erstere aber der trivialen Schablone, in deren Dienst man sein Nachdenken stellte, sich zwangloser einfügen. Wer sich eingehender über diese Verirrungen zu orientiren gedenkt, den verweise ich auf meine Abhandlung „Positivistische Regungen in Deutschland". Preuß. Jahrb. Bd. LII S. 128—158.

unzählige neue Anfänge hinzu, welche sofort mit ihrem Eintritte in die Wirklichkeit den Gesetzen dieser in jeder Beziehung unterworfen sind, während sie durch die von ihnen ausgehenden, unverlierbaren Wirkungen die Gesammtsumme des Geschehens bereichern. Diese Erklärung wird der inneren und äußeren Erfahrung nach allen Seiten hin gerecht und löst in ihrer schlichten Einfachheit alle Schwierigkeiten, die sich aus der Gegenüberstellung von Freiheit und Causalnexus anfänglich zu erheben drohten. Sie allein entspricht auch den Erwägungen unserer werthschätzenden Vernunft, welchen die Einseitigkeit des Determinismus auf das Grellste widerstreitet. Während der Determinismus zu der abgeschmackten und vernunftwidrigen Consequenz führt, das Ganze der Welt als einen starren, jede Zwecksetzung und Vervollkommnung ausschließenden Mechanismus betrachten zu müssen, zeigt uns unsere, die Freiheit mit der Causalität zwanglos vereinigende Erklärung dasselbe Weltganze unter dem Bilde einer fortschreitenden Entwickelung, welches der Gestaltung unseres sittlichen und religiösen Lebensideals freien Spielraum giebt.

Dieser Sachverhalt, mag man ihn theoretisch immerhin fortfahren zu bestreiten, liegt jedenfalls practisch so klar vor jedermanns Augen, daß man im Verlaufe des Lebens bei Anstellung der sachdienlichen Ueberlegungen und in der Einrichtung seines practischen Verhaltens niemals an seiner Wirklichkeit zweifelt. Auf die constante Gesetzlichkeit der Naturkräfte und auf den Eintritt der Folgen der einmal hervorgetretenen Willensacte baut man mit zweifelloser Sicherheit. Hier kann man, wenn alle nöthigen Daten gegeben sind, den Erfolg jedes Unternehmens und jedes eigenen Willensentschlusses genau vorausberechnen. Der Wille des Menschen gilt dagegen allgemein als ein ganz unzuverlässiger Factor, weil man ihn im practischen Leben niemals als determinirt betrachtet. Er gilt als unberechenbar nicht blos wegen seiner öfteren Unerkennbarkeit. Auch wenn man die

Menschen, um deren Willensacte es sich handelt und alle ihre Motive so genau oder genauer kennt wie sich selbst, ein Fall der gar nicht so sehr selten eintritt, sieht man sich doch mit ihnen vor, weil man das sichere Gefühl hat, daß die Motive den Willen nie determiniren, sondern daß die Entscheidung stets frei und insofern unberechenbar ist. Man weiß eben aus eigener Erfahrung, daß in allen Fällen, wo Willensentschlüsse der Menschen ins Spiel kommen, neue Momente in den Mechanismus der Wirkungen eintreten, neue Anfänge, deren Eintritt oder Nichteintritt aus den Vorereignissen nicht mit Sicherheit vorausberechnet werden kann. Diese practischen Erwägungen sind jedermann so geläufig, auf ihnen beruhen so sehr alle Einrichtungen des Verkehrs, des ganzen privaten und öffentlichen Lebens, daß jeder der sie, seinen vielleicht widerstreitenden theoretischen Ueberzeugungen folgend, im Leben außer Acht lassen wollte, als unklug verlacht und durch die unausbleiblichen Nachtheile bald über die Untriftigkeit seiner Theorieen belehrt werden würde.

Gar nicht in Betracht kommen dagegen die statistischen Resultate, wonach gewisse Handlungen der Menschen mit ausnahmsloser Regelmäßigkeit wiederkehren und dadurch allgemeine Gesetze, denen sie angeblich unterworfen sind, bezeugen sollen. Diese Resultate, insoweit sie, was in den meisten Fällen mehr als fraglich ist, überhaupt als einigermaßen sicher gelten können, würden uns gar nicht überraschen. Der Wille des Menschen ist, wie ich schon Eingangs dieses Kapitels hervorhob, nicht blind, sondern die Frucht des Characters, der Lebensweise, der Erziehung und Bildung des Menschen. Es ist nicht wunderbar, daß diese Früchte sich gleichen, da der Boden, auf dem sie gewachsen sind, bei der stets zunehmenden Uniformität der Lebensverhältnisse und der Lebensweise bei allen Kulturvölkern, in fast allen Volksschichten sich so sehr ähnelt. Ueberdies würde eine solche Regelmäßigkeit in den Entschließungen der Menschen noch gar keinen sicheren und stichhaltigen Grund zu der daraus gezogenen Folgerung bieten, daß die betreffenden Entschlüsse deßhalb determinirt und nicht frei seien. Solche Regelmäßigkeiten würden, wie Lotze treffend bemerkt, nichts weiter als Erzählungen davon sein, wie sich die Freiheit entschieden hat, ohne irgend einen Schluß auf Gründe möglich zu machen, die ja eben durch die Ansicht von der Freiheit principiell geleugnet werden.

So harmlos sich nun das Bestehen der menschlichen Freiheit im Verlaufe des practischen Lebens stets erwiesen hat, so hat man von ihrer Unberechenbarkeit doch, in mißverständlicher Ueberschätzung ihrer Tragweite, zuweilen die Störung aller göttlichen und menschlichen Ordnung besorgen zu müssen geglaubt, und diese Besorgniß als einen Vernunftgrund gegen die Annahme des Vorhandenseins der Freiheit aufgeführt.

Principiell ist ein solcher Einwand nicht sogleich von der Hand zu weisen. Wenn einmal das Auftreten neuer Anfänge den bestehenden Lauf der Dinge zu beeinflussen und zu ändern vermag, so könnte eine unberechenbare Steigerung dieser Möglichkeit in der That zu bedenklichen Consequenzen führen. Eine solche Möglichkeit könnte aber doch nur dann ernstlich in Frage kommen, wenn

1) der unbeschränkten Freiheit des Wollens in uns zugleich eine schrankenlose Macht des Vollbringens zur Seite stände und außerdem

2) unsere Freiheit eine ganz unbedingte wäre.

Beide Umstände sind durch unsere körperliche und geistige Organisation, sowie durch die thatsächliche Einrichtung der Welt ausgeschlossen. So groß und bedeutsam die Einwirkungen einer freien Energie des Wollens in hervorragenden Geistern mitunter hervorgetreten sind, so tiefgreifend sie oft in die Entwickelung der geschichtlichen Ereignisse eingegriffen haben, sie können nie das Maß überschreiten, welches ihnen durch dieselbe Weltordnung vorgeschrieben ist, welche sie selbst und den ganzen Spielraum ihres Wollens ins Leben rief. Eng begrenzt wie unser Gesichtskreis sind auch die Mittel, welche uns zur Ausführung unserer Absichten und Entschlüsse zu Gebote stehen. Sie sind verschwindend klein im Verhältniß zu dem Gesammtstrome des mechanischen Geschehens, der unbekümmert um sie breit und sicher dahinfließt. Sie geben der Freiheit nicht mehr Spielraum des Erfolges, als die unverrückbare Ordnung der Dinge nach eigenem Rechte ihr zugesteht (Mikrokosmus I. S. 280), denn jeder Willensentschluß, der als Wirkung hervortritt tritt damit in den Kreis der berechenbaren, den allgemeinen Naturgesetzen unterworfenen Ereignisse ein, welche alles Geschehen beherrschen. Der Wille ist außerdem, wie schon wiederholt hervorgehoben, nie blind und außer allem Zusammenhange mit der bestehenden Wirklichkeit, er ist stets der Wille des Menschen, der ihn aus sich erzeugt. Der Wille selbst, die ganze Natur des Menschen, der ihn hegt, mit allen Antrieben und Neigungen, welche zum Wollen anreizen und ihm die Richtung bestimmen können, gehören mit zu dem Ganzen der Natur, und können, wenn diese überhaupt einen vernünftigen Zusammenhang hat, auch ihrer inneren Veranlaguug nach, unter Hinblick auf alle denkbaren Eventualitäten und Abschweifungen von der inneren Norm ihrer normalen Bestimmung nur mit Rücksicht auf das einheitliche Ziel des gesammten Weltprocesses veranlagt gedacht werden. Setzen wir voraus, und nur unter dieser Voraussetzung kann der ganze Einwand überhaupt in Frage kommen, daß die Welt einer göttlichen Weisheit ihren Ursprung verdankt, denn ohne das könnte von einer zu störenden Weltordnung überall keine Rede sein, so muß man auch den ganzen Spielraum freier Lebensbethätigung der geschaffenen Wesen mit allen möglichen Folgen von Anfang an mit in den göttlichen Schöpfungsplan eingeschlossen denken. Alle möglichen, wenn auch noch nicht feststehenden Folgen der freien Lebensbethätigung aller freien Wesen müssen von Anfang an mit in die Weltordnung eingeschlossen gedacht werden, wenn der Gedanke dieser Ordnung vollständig gedacht wird.

Dieser Einwand ist daher völlig unbegründet. Aber nicht blos das. Er ist sogar in sich selbst widersprechend und inconsequent. Der großartige Vernunftgedanke eines göttlichen Ursprungs der Welt und einer göttlichen Weltordnung, den man dadurch zu stützen dachte, verliert vielmehr allen Boden, wenn man die sittliche Freiheit leugnet und sich die Welt als einen von Anfang an fertigen und abgeschlossenen Mechanismus vorstellt, welcher einer fortschreitenden selbstthätigen Entwickelung der geschaffenen Wesen keinen Spielraum läßt. Alles Große und Bedeutungsvolle, alle Werthe des Lebens können nur durch freie Geistesarbeit errungen und existent werden. Soll es aber überhaupt ein göttliches Ziel der Weltschöpfung geben, so kann dieses nur auf die Hervorbringung solcher Werthe, nicht auf an sich Gleichgültiges und Werthloses, also nicht auf die Schaffung eines Mechanismus ohne Inhalt und Ziel gerichtet gedacht werden.

Diese letztere Erwägung führt uns auf den allein richtigen und maßgebenden Gesichtspunkt zum rechten Verständniß und zur rechten Würdigung des gegenseitigen Verhältnisses von Freiheit und allgemeinem Causalnexus. Gäbe es keine allgemeine Ordnung und Gesetzlichkeit alles Geschehens, so würden wir ja die Folgen unserer freien Willensentscheidungen gar nicht voraussehen, wir würden daher auch für die Erfolge unseres Wollens nicht verantwortlich sein können, wir würden von unserer Freiheit dann gar keinen sachgemäßen Gebrauch machen können, sondern stets rathlos dastehen und nicht wissen, was wir thun sollten. So verhält sich's vermöge der menschlichen Kurz chtigkeit ja leider in Betreff vieler Motive, welche sich gleichzeitig neben anderen darbieten, ohne daß wir deren Bedeutung, Folgen und Tragweite genügend kennen, oder in Betreff deren wir irren. Insoweit er=

leidet die Bedeutung unserer Freiheit eine beklagenswerthe Einschränkung. Die Freiheit ist werthlos, insoweit sie nicht durch die Geltung des Causalgesetzes und das Bewußtsein dieser Geltung, also durch die Einsicht der Folgen dessen, wofür man sich entscheidet, unterstützt wird. Freiheit und Causalität sind daher nicht Gegensätze, die einander ausschließen, sondern Correlate, die einander insofern bedingen, als die Freiheit die Geltung des Causalgesetzes voraussetzt, wenn sie überhaupt wirksam werden und ihrem eigenen Sinne gemäß sich mit Erfolg schöpferisch bethätigen soll.

Die Freiheit, deren Annahme die Betrachtung der sittlichen Welt ebenso nothwendig fordert als die Untersuchung der Natur die des Causalnexus, ist daher das umfassendere und bedeutungsvollere der beiden Verhältnißglieder. Die Freiheit postulirt den Causalnexus als eine Consequenz ihres eigenen Wesens, während das Bestehen des Causalnexus an sich keinen Grund in sich schließt, irgendwo Freiheit anzunehmen.*) Die Freiheit trägt ihre Bedeutung, und damit ihre Existenzberechtigung, in sich selbst, während das Bestehen des Causalnexus an sich gleichgültig und werthlos, mithin nur als Mittel zur Realisirung anderer an sich selbst werthvoller Ziele begreiflich ist. Alle Werthe sind nur denkbar als lebendige Erregungen lebendiger Wesen. Sie können, so weit unsere Wahrnehmung und Schlußfolgerung reichen, nur durch freie Entschließung und freie Bethätigung lebendiger Wesen erarbeitet und realisirt werden. Die freie Selbstthätigkeit ist daher der lebendige Quell aller Werthe des Lebens, aller Werthe überhaupt, und diese allein sind es wiederum, welche dem Leben überhaupt Existenzberechtigung und Bedeutung verleihen. Betrachten wir die freie, selbstschöpferische, inhaltvolle

*) Lotze, Dictate aus den Vorlesungen. Grundzüge der practischen Philosophie. 2. Aufl. S. 21.

Entfaltung des individuellen Lebens als Zweck der Weltschöpfung, und es ist dies der einzige, der uns verständlich ist, so erscheint das Bestehen des allgemeinen Causalnexus als ein unentbehrliches Moment der Verwirklichung des Weltzwecks, und eben darin liegt die relative Bedeutung und die Rechtfertigung seines Bestehens.

Das Bewußtsein des freien verantwortlichen Wollens ist überdies das Erste und Ursprüngliche, dessen Wirklichkeit wir unmittelbar in uns erleben, aus dessen Innewerden wir die Begriffe des Wirkens und der Kraft überhaupt erst abstrahiren. Das Bestehen des Causalnexus kommt uns erst im Verlaufe des Lebens durch das praktische Bedürfniß der Ausführung unserer inhaltvollen Lebenszwecke in späterer Reflexion ganz allmählich zum Bewußtsein. Der Glaube an die allgemeine Geltung desselben ist sogar erst das Verdienst der neueren Naturforschung. Es ist eine seltsame Umkehrung dieses wahren Sachverhalts, wenn die Irrlehre des Determinismus nun das Ergebniß jener späteren Reflexion als das Primäre hinstellt und durch grundlose Annahme der ausschließlichen Geltung desselben den lebensvollen Keim freiheitlicher Entwickelung zu ertödten sucht, der dessen Bestehen doch allein rechtfertigt und begründet.

Die bisherigen Betrachtungen bezogen sich nur auf den formalen Charakter des freien Wollens und auf die Feststellung des Unterschiedes, welcher zwischen diesem und dem mechanischen Wirken obwaltet, das wir in dem bereits verwirklichten Thatbestande unseres inneren Seelenlebens und in den Vorgängen der äußeren Natur beobachten. Noch weit bedeutsamer tritt das Wesen der Freiheit hervor, wenn wir uns jetzt die inhaltliche Natur des freien Wollens und den Werth dessen vergegenwärtigen, was dadurch verwirklicht werden soll.

Schon mehrfach habe ich erwähnt, und knüpfe auch die folgenden Untersuchungen an diese Grundthatsache unserer Selbstwahrnehmung an, daß der Wille nie blind ist, sondern sich stets nach dem entscheidet, was ihm wollenswerth erscheint. Wollenswerth oder werthvoll erscheint dem Menschen im Allgemeinen, was seiner Naturanlage und den aus dieser entspringenden Bedürfnissen entspricht, und es erscheint ihm stets in dem Grade wollenswerth, als es dieser Voraussicht genügt. Diese Bedürfnisse sind verschieden nach der Individualität, nach der Stellung und Bildung des Menschen. Sie sind theils leiblicher, theils geistiger, theils vorübergehender, theils bleibender Art; sie sind um so niedriger, je roher, uncivilisirter und oberflächlicher der Mensch ist, und um so bedeutsamer und höher, je tiefer er sich seines wahren Wesens bewußt ist. Aber bei aller Verschiedenheit existirt doch ein tief in der menschlichen Natur wurzelndes gemeinsames Grundbedürfniß, das alle anderen modificirt, und als unabweisliche Vorbedingung menschlicher Befriedigung allen anderen Bedürfnissen seinen Stempel aufdrückt und allen ihre centrale Richtung vorschreibt. Es ist nicht blos die Erwartung des größeren oder geringeren Wohl oder Wehe, was den Willen des Menschen ausschlaggebend bestimmt, sondern zugleich noch ein Gefühl der Verantwortlichkeit für den Ausfall seiner Willensentscheidung. Dieses Gefühl tritt bei allen Willensentscheidungen der Menschen als mitwirkender Factor auf, und macht sich um so entscheidender geltend, je mehr der Mensch über sich selbst und seine Zwecke aufgeklärt wird. Das Gefühl der Verantwortlichkeit ist, wie eine vorurtheilsfreie Geschichtsbetrachtung und die unmittelbare Selbsterfahrung lehren, der wichtigste und bedeutsamste Factor bei allen freien Willensentscheidungen. Dieses Gefühl ist der tiefste Inhaltsquell dessen, was durch Freiheit erreicht werden soll, in ihm offenbart sich der specifische Wesenscharakter der Freiheit. Wäre nicht das Gefühl der Verantwortlichkeit, so hätten wir kaum ein Interesse, von der Freiheit überhaupt zu reden. Die freie Wahlentscheidung wäre dann in jedem Falle blos das Ergebniß einer mehr oder weniger gründlichen Ueberlegung dessen, was uns am meisten Wohl oder Wehe zu versprechen scheint. Die dem Menschen dann noch zukommende Freiheit wäre kaum geeignet, sein Wesen zu bereichern, zu erweitern und zu erhöhen. Die Ueberlegung dessen, was ihm wollenswerth erscheint, würde ihn kaum über die Sphäre der bekannten Lustempfindungen hinausführen, denn die Summe dieser wäre alsdann der einzige Maßstab, den er seiner Willensentscheidung und der ausführenden Energie seines Wollens zu Grunde legen könnte. Der Mensch würde sich dann von den übrigen Naturwesen nur durch seine vollkommenere geistige und körperliche Veranlagung unterscheiden; er würde vielleicht die Oberherrschaft über jene erlangen und seine Umgebung seinen Lustempfindungen immer mehr accommodiren, aber er würde sich doch im Wesentlichen im Kreise drehen, er würde nichts Neues und Bedeutenderes aus sich hervorbringen können, als verfeinerte Genußmittel und eine verfeinerte Lustökonomie des Genießens. Daß dies in der That so sei, wird vielfach behauptet, aber doch nur von solchen, welche die wahre Natur des Menschen nicht kennen oder ihre Augen offenkundigen Thatsachen gegenüber verschließen. Es ist das die Auffassung des landläufigen Utilitarismus und Eudämonismus, deren breiter Strom jetzt über die Bildung des Jahrhunderts dahinfluthet und alle edleren Regungen zu ersticken droht. Der wahre Werth des Lebens liegt hoch über der Sphäre einer so niederen Denkungsart. Er wird dem Menschen erst in dem Maße offenbar, als dieser seine wahre *sittliche Bestimmung* erkennt, und der göttliche Mahnruf, der ihn trotz aller Abirrungen immer wieder auf den rechten Weg zu diesem Ziele zurückweist, ist eben das Gefühl der Verantwortlichkeit, welches den Menschen bei all' seinem Thun und Treiben begleitet. *Im Gefühl der Verantwortlichkeit offenbart sich der Grundcharakter des wahren Menschwesens, das sich erst in freier Bethätigung zu dem gestalten kann, was es zu werden bestimmt ist.* Das Gefühl der Verantwortlichkeit ist insbesondere der bemerkenswertheste Zug der inhaltlichen Natur der menschlichen Freiheit, und wenn wir das Wesen dieser recht verstehen und würdigen wollen, so müssen wir vor Allem das Gefühl der Verantwortlichkeit ins Auge fassen und uns die in diesem Gefühle enthaltenen und mit ihm gegebenen und als unmittelbar gewiß erlebten Voraussetzungen klar zum Bewußtsein bringen.

Eine Voraussetzung ist es besonders, welche sich sogleich als unabweislich aufdrängt und den Begriff der Verantwortlichkeit selbst erst zum Abschluß bringt. Verantwortlich für unser Wollen können wir nur dann sein, wenn wir nicht blos frei sind, sondern zugleich eine innere Norm von unbedingt verpflichtendem Charakter in uns tragen.

Solche Norm ist nnn in der That vorhanden und jedermann in der Stimme des Gewissens offenbar.

Das Gewissen galt von jeher als der hervorstechendste Characterzug des wahren Menschwesens. Dasselbe characterisirt zwar das ganze Menschwesen nach allen Richtungen hin, findet aber seinen bedeutsamsten und wichtigsten Ausdruck in der Gefühlssphäre, im Gefühl des Sollens. Das Gefühl ist die eigentliche Geburtsstätte des Gewissens, welches erst von hier aus die Gebiete des Vorstellens und Wollens beherrscht. Der klarste Beweis hierfür ist, daß das Gefühl des Sollens längst in uns lebendig zu sein pflegt, bevor wir das, was wir sollen, uns klar zum Bewußtsein gebracht haben, bevor wir entschlossen sind, es zu wollen. Das Gefühl des Sollens ist als solches von jeher in der Menschheit lebendig gewesen, die Vorstellung dessen, was wir sollen, hat im Laufe der geschichtlichen Entwickelung vielfach gewechselt, indem es in gewissen Grenzen von den wechselnden Bedingungen und Umständen abhängig war, unter denen das individuelle Leben sich entfaltet. Seine allgemeine Formulirung ist in mancher Beziehung noch immer Gegenstand des Streits und des Zweifels. Das Gefühl des Sollens bleibt selbst dann noch lebendig, wenn der Wille durch die Gewohnheit des Lasters in ganz andere Bahnen gelenkt ist, es läßt sich selbst in der Seele des hartgesottensten Sünders nicht völlig ertödten.

Was verleiht nun der Stimme des Gewissens diese wunderbare verbindliche Kraft, welche es im Leben der Menschen thatsächlich ausübt, welche den sittlichen Menschen in den Stand setzt, selbst den stärksten Verlockungen der Sinnlichkeit oder anderer Gelüste rein aus Pflichtgefühl zu widerstehen? Wie kommt es, daß die Nichtbeachtung jener Stimme uns mit bitterer Reue erfüllt, unser ganzes Wesen bis in das Innerste hinein aufregt und verstört, uns intensivere Pein verursacht, als alle anderen Arten des Weh, unser besseres Ich gleichsam aus den Angeln hebt?

Es kann nur daher kommen, weil das eingeborene Gefühl des Sollens der wahre und volle Grundcharacter unseres Wesens ist, weil unser Wesen sich in dem Soll erfüllt, weil wir so veranlangt sind, daß unser ganzes Leben, Dichten und Trachten nur aus diesem Mittelpunkte unserer Existenz begreiflich ist, nur aus ihm seinen specifischen Inhalt, seine Richtung und Kraft schöpfen kann, weil die Verwirklichung des sittlichen Ideals unsere ganze und wahre Bestimmung ist. Nur weil der Schwerpunkt unserer ganzen Lebenswirklichkeit sich im Gefühle des Soll concentrirt, deßhalb gerathen wir außer uns selbst, deßhalb kommen wir in Widerspruch mit unserem eigenen Wesen, wenn wir unsittlich handeln.

Darin scheint zunächst die verbindliche Kraft der Gebote des Gewissens zu bestehen, daß wir sittliche Wesen sind.

Erinnern wir uns jedoch sorgfältiger, was wir eigentlich im Gewissen erleben, so wird die ganz eigenthümliche, über alle anderen Empfindungen weit erhabene Hoheit des Pflichtgefühls, welche der wahre leuchtende Kern der im Gewissen offenbarten Norm des Handelns ist, uns doch nicht entfernt daraus allein erklärlich scheinen, daß das Sittliche einfach der Grundcharacter unserer Natur ist. Wir fühlen, es bleibt der Erklärung noch ein Rest übrig, welcher uns erst darüber aufklären muß, daß jener eigenthümliche Grundcharacter unseres Wesens eben ein sittlicher sei. Wir fühlen, daß dieser Rest der Erklärung uns erst die ganze Hauptsache begreiflich machen müsse. Wäre unser Leben inhaltlos, oder unser Gesichtskreis nur mit nichtigen Dingen erfüllt, wäre der Pessimismus eines Schopenhauer oder Hartmann eine Wahrheit und es gäbe in der That keine achtbaren Ziele, für welche wir uns begeistern könnten, was würde unsere Jammerseele dann viel Aufhebens davon machen, wenn sie wirklich einmal mit ihrem elenden Selbst in Conflict geriethe? Was könnte sie so außer sich gerathen lassen, wenn sie ihre nichtigen Ziele auch wirklich verfehlte? Es ist ganz offenbar, daß das, was wir sollen, uns nur durch seinen inneren Werth so bedeutungsvoll und wichtig erscheinen kann. Erwägen wir die unvergleichliche und unbedingte Heiligkeit und Würde des Sittlichen, so kann jener Werth auch nicht ein relativer, er muß vielmehr ein absoluter, ganz unbedingter Werth sein. Wäre er das nicht, so wäre die unbedingt verpflichtende Kraft der Gebote des Gewissens durch ihn nicht erklärt, so gäbe es keine Sittlichkeit, sondern nur Utilitarismus oder Eudämonismus.

Darin besteht also die verbindliche Kraft der Gebote des Gewissens, daß der Eigenwerth dessen, was wir sollen, ein ganz **unbedingter** ist.

Etwas unbedingt Werthvolles kann es aber nur dann geben, wenn alles Geschehen in der Welt zu einem einheitlichen Ziele zusammenzuwirken bestimmt ist, denn wenn es unberechenbare Momente des Geschehens gäbe, welche den thatsächlichen Lauf der Welt beeinflussen und seine Richtung verändern, seine Ziele zweckwidrig durchkreuzen könnten, so wären alle denkbaren Werthe nur von relativer Geltung und Bedeutung. Unbedingt werthvoll kann ferner nur dasjenige sein, was den **Inhalt des Welt-**

zwecks selbst ausmacht oder ihn zu fördern bestimmt und geeignet ist. Soll daher die im Gewissen thatsächlich gegebene Norm unseres Handelns durch ihren unbedingten Werth verbindliche Kraft erlangen, so muß die Erfüllung unserer individuellen Lebensbestimmung auch den einheitlichen Zweck des Weltprocesses zu ihrem Theile zu fördern bestimmt und geeignet sein.

Freiheit und Gewissen, die specifischen Grundthatsachen des wahren Menschwesens, enthalten daher höchst bedeutsame Aufschlüsse über unsere eigene Wesensnatur, über das Ganze der Welt und unsere Bestimmung in derselben, Voraussetzungen theils metaphysisch formaler, theils specifisch inhaltlicher Natur, welche die Grundzüge unserer gesammten Weltansicht in den wichtigsten Beziehungen unwiderleglich bestimmen; Voraussetzungen, deren Verdeutlichung uns auch umgekehrt erst über die wahre Bedeutung der Freiheit und des Gewissens aufzuklären vermag. Es ist daher für die Beantwortung der letzteren Frage von der höchsten Bedeutung, daß wir uns jener Aufschlüsse und Voraussetzungen ihrem vollen Umfange nach bewußt werden, daß wir uns ihren Inhalt verdeutlichen und eine klare Einsicht in die Unbedingtheit ihrer Geltung erlangen.

Ich will dieselben zunächst hier in der Reihenfolge aufführen, wie sie sich zwanglos aus der obigen Untersuchung ergeben, und sodann näher auf die Betrachtung der einzelnen eingehen:

1. Wir selbst sind fürsichseiende einheitliche Wesen von eigenartiger Natur und eigenen Lebensinteressen, durch welche wir uns die Ziele unseres Wollens selbst bestimmen.

2. Unser Leben steht mit allem übrigen Geschehen, mit der Gesammtheit des ganzen Weltprocesses, in einem unmittelbaren Zusammenhange.

3. Der ganze Weltproceß ist ein einheitlicher, zweck-

bestimmter, dessen Einheitlichkeit eben durch die Richtung auf einen einheitlichen Endzweck bestimmt und bedingt ist.

4. Der einheitliche Endzweck des Weltprocesses ist auf Herstellung eines Guts von unbedingtem Werthe gerichtet.

5. Die specifische Natur unseres Wesens besteht darin, daß wir durch unser Leben eine Bestimmung zu erfüllen haben, deren Erreichung von uns selbst als höchstes Gut gefühlt wird, und deßhalb von unbedingtem Werth ist, weil sie bestimmt und geeignet ist, den einheitlichen Zweck des ganzen Weltprocesses zu ihrem Theile zu fördern.

Alle diese Aufschlüsse sind, ich wiederhole es, und darin beruht der Schwerpunkt der ganzen Ansicht, nicht Hypothesen von problematischer Geltung, oder Voraussetzungen, welche noch des Beweises durch Ableitung ihrer Geltung aus der Gewißheit anderer Thatsachen bedürften, sondern sie sind Offenbarungen rein thatsächlicher Natur, welche in und mit den unmittelbar als wahr und gewiß erlebten Grundthatsachen unseres specifischen Menschwesens, mit dem Vorhandensein der Freiheit und des Gewissens selbst schon gegeben und deßhalb unmittelbar von uns als wahr und gewiß erlebt werden. Sie werden ihrem wahren und vollen Wesen nach nur durch Verdeutlichung dessen gewonnen, was wir thatsächlich in uns erleben, durch Verdeutlichung und Schlußfolgerung aus Thatsachen, welche in ihrer Gesammtheit die alleinige factische Grundlage alles Wissens und Erkennens bilden.

Es ist der erste und wichtigste Schritt aller wissenschaftlichen Untersuchung, sich die ursprünglich gegebenen factischen Daten rein und unverfälscht von theoretischen Voreingenommenheiten zum Bewußtsein zu bringen und sich deren wahren Inhalt und deren wahre Bedeutung klar zu machen. Diesem ersten Schritte gehören die obigen Betrachtungen an, indem sie uns die in den Thatsachen der menschlichen Freiheit und des davon unzertrennlichen Gefühls der sittlichen Verantwortung unmittelbar gegebenen Aufschlüsse über unser eigenes Wesen und die Gesammtheit alles Geschehens klar zum Bewußtsein bringen.

Der zweite Schritt besteht dann darin, daß wir die in jenen Sätzen niedergelegten thatsächlichen Aufschlüsse unter einander und mit unseren übrigen Erkenntnissen in Einklang zu bringen suchen und zusammen mit diesen zu einer systematischen Weltansicht auf ethischer Basis erweitern. Erst dadurch wird es uns gelingen, den in jenen Sätzen verborgenen Wahrheitsschatz voll zu heben, und umgekehrt auch die volle Einsicht in das wahre Wesen und die wahre Bedeutung der menschlichen Freiheit zu gewinnen. Das Ergebniß dieser weiteren Untersuchung wird dann meine Behauptung rechtfertigen, daß die großen Grundthatsachen des wahren specifischen Menschwesens, Freiheit und Gewissen, die lebendigen Keime sind, deren Ausgestaltung und Entfaltung die Grundlinien und den festen Rahmen unserer gesammten Weltansicht unwiderleglich feststellen, daß Stamm, Wurzel und festes Gezweig des gesammten Erkenntnißbaums aus jenen Keimen hervorwachsen und aus ihnen Leben, Festigkeit und Inhalt schöpfen, welche durch keine Zweifelsstürme zerstört werden können, da die thatsächliche Grundlage, der sie entstammen, über alle Zweifel erhaben ist.

Drittes Kapitel.

Begriff und Kriterium der Wahrheit des Erkennens.

Bevor ich jedoch zu diesem zweiten Schritt übergehe, schalte ich, theils zur Rechtfertigung des Gesagten, theils zur Abwehr sich leicht zudrängender Einwendungen noch einige Bemerkungen über das Kriterium der Wahrheit all unseres Wissens und Erkennens ein, welche sich direct an die vorhin gegebene Uebersicht des Gebiets unserer unmittelbaren Lebenserfahrungen anschließen und die Wichtigkeit des dort Gesagten in das rechte Licht setzen sollen.

Schon damals erwähnte ich, der gemeinsame Character aller inneren Erlebnisse bestehe darin, daß sie Momente des Fürsichseins eines für sich seienden Wesens seien. Unmittelbar erleben können wir daher nur das, was in uns selbst vorgeht: die wechselnden Zustände unseres eigenen Wesens. Nur aus der specifischen Natur, aus der Art des Auftretens und dem Wechsel dieser inneren Zustandsänderungen unseres eigenen Wesens schließen wir auf das Vorhandensein anderer Wesen außer uns, auf das Vorhandensein einer Außenwelt und das Geschehen anderer Ereignisse, welche mit unseren eigenen Erlebnissen nicht identisch sind. All unser Wissen von dem Dasein und der Natur der Dinge und von dem Geschehen der Ereignisse außer uns ist durch Schlußfolgerungen aus der Art und Reihenfolge unserer inneren Erlebnisse vermittelt. Diese bilden den thatsächlich gegebenen Bestandtheil, die factische Basis, das einzig und allein Wirkliche in unserer Erkenntniß. Was wir nicht selbst unmittelbar erleben, kann nur als Vorstellung Gegenstand und Bestandtheil unseres Wissens sein. Alle anderen Wesen, die ganze Welt der Außendinge, können uns nur insoweit zur Wahrnehmung gelangen, als sie auf uns einwirken, d. h. als sie Veranlassung von Zustandsänderungen unseres eigenen Wesens werden, und als wir vermöge unserer inneren Geistesanlage aus diesen erlittenen Zustandsänderungen unseres eigenen Wesens Bilder jener Außendinge und der in ihnen vorgehenden Veränderungen in uns erzeugen können. Ob die auf solche Art in uns erzeugten Vorstellungen von Dingen und Vorgängen in der Außenwelt diesen selbst congruent, oder auch nur ähnlich, ob sie nach der gewöhnlichen Vorstellung wahr, oder nur Trugbilder und Fictionen sind, welche mit der wirklichen Beschaffenheit der vorgestellten Dinge gar nichts gemein haben, können wir jedenfalls nicht durch eine Vergleichung beider, der Vorstellungen von den Dingen einerseits und dieser selbst andererseits, erfahren, denn wir können den Act solcher Vergleichung nicht vollziehen, da wir der Dinge selbst nicht habhaft werden können.

Wäre es daher Aufgabe unseres Erkennens, die Dinge und Vorgänge außer uns nur noch einmal in uns abzubilden, sie genau so abzubilden, wie sie außer uns an sich wirklich sind, wären also unsere Vorstellungen jener Dinge und Vorgänge nur dann wahr, wenn sie diesen genau congruent wären, so würde es überhaupt kein Kriterium der Wahrheit geben können, es bliebe dann ewig in der Schwebe und wäre gar nicht zu entscheiden, ob überhaupt und in wie weit die solchergestalt formulirte Aufgabe unseres Erkennens ihr Ziel erreicht hätte. Wirklich erreicht werden könnte ein solches Ziel in der That auch nur dann, wenn die Dinge und Vorgänge außer uns auch in Wirklichkeit an sich selbst weiter nichts wären als Vorstellungen, denn nur dann könnten sie sich mit unseren Vorstellungen von ihnen vollständig decken. In diesem Falle würde es dann aber wieder völlig unbegreiflich sein, wie die Dinge außer uns als Vorstellungen wirklich existiren könnten, denn Vorstellungen können doch nur wirklich sein als innere Vorgänge in den lebendigen Wesen, welche sie haben. Die Consequenz eines solchen Idealismus würde mithin doch nur zu der Annahme führen, daß nur die lebendigen Wesen an sich selbst wirklich wären, alle sonstigen außer uns vorgestellten Dinge und Ereignisse aber nur als Vorstellungen in den lebendigen Wesen existiren könnten. Nehmen wir einmal an, die Sache verhalte sich wirklich so, es existirten nur lebendige Wesen, welche einander gegenseitig vorstellten, so würden dieselben stets doch nur ihre eigenen Zustandsänderungen unmittelbar in sich selbst erleben, die Zustandsänderungen in allen übrigen Wesen aber nur vorstellen können, und die vorgestellten Zustandsänderungen in diesen anderen Wesen würden mit diesen Zustandsänderungen selbst niemals zusammengehalten und verglichen werden können. Selbst die Annahme der Geltung eines solchen Idealismus würde daher kein Kriterium der Wahrheit als möglich erscheinen lassen, wenn die Aufgabe des Erkennens blos auf Uebersetzung dessen, was außer uns geschieht, in die Welt unserer Vorstellung gerichtet wäre.

In der That ist dieses letztere die gewöhnliche Ansicht, aber eine kurze Ueberlegung schon genügt, uns von der Verkehrtheit derselben zu überzeugen.

„Könnte es der menschlichen Forschung", sagt Lotze (Mikrokosmus Bd. I Vorrede VII), „nur darauf ankommen, den Bestand der vorhandenen Welt erkennend abzubilden, welchen Werth hätte dann doch ihre ganze Mühe, die mit der öden Wiederholung schlösse, daß, was außerhalb der Seele vorhanden war, nun nachgebildet in ihr noch einmal vorkäme? Welche Bedeutung hätte das leere Spiel dieser Verdoppelung, welche Pflicht der denkende Geist, ein Spiegel zu sein für das, was nicht denkt, wäre nicht die Auffindung der Wahrheit überall zugleich die Erzeugung eines Gutes, dessen Werth die Mühe seiner Gewinnung rechtfertigt?" Darauf kommt es in der That bei allem Erkennen in letzter Instanz allein an, den **Werth und die Bedeutung** dessen zu erkennen, was wir in uns erleben, respective durch diese Erlebnisse angeregt werden, außerdem noch in der Welt als vorhanden anzunehmen. Dieses Ziel können wir aber schon durch bloße Ueberlegung und Verknüpfung alles dessen erreichen, was in uns selbst vorgeht, ohne dazu nothwendig einer Congruenz unserer Vorstellungen mit den vorgestellten Dingen zu bedürfen. Darauf wird es daher bei allem

Erkennen in erster Linie ankommen, daß wir die inneren Erlebnisse richtig auffassen, ihrer wahren Bedeutung nach verstehen und würdigen, sie richtig verbinden und die in ihnen enthaltenen Voraussetzungen uns klar zum Bewußtsein bringen; nicht darauf, ob unsere Vorstellungen von den Dingen und Vorgängen außer uns mit diesen selbst congruent oder ähnlich seien? Das letztere ist eine Nebenfrage, welche an Bedeutung weit hinter der ersteren zurücksteht, weil der Werth dessen, was wir erkennen, nicht nothwendig durch eine bestimmte Art der Beantwortung jener Frage bedingt ist.

Die gewöhnliche Ansicht, daß das Erkennen blos zum Abbilden einer Wirklichkeit außer uns bestimmt sei, beruht auf der naiven, vor dem Beginn alles Philosophirens durch das bisherige Leben in uns entwickelten Vorstellungsweise, wonach uns die Producte unserer eigenen Geistesthätigkeit wie fertige selbständige Realitäten, als Dinge in einer uns rings umgebenden Außenwelt entgegentreten. Es erscheint nicht wunderbar, daß auf dieser Stufe der geistigen Entwickelung sich das nächste Interesse darauf richtet, die Dinge kennen zu lernen, welche uns anscheinend so plastisch und klar entgegentreten; daß wir über diesem nächsten practischen Ziele uns selbst vergessen und nicht bedenken, daß wir selbst es gewesen sind, welche die Bilder aller jener Dinge in uns hervorgebracht haben, daß mithin unser eigenes Leben, unsere eigene Thätigkeit bei der Herstellung jener Bilder, mit zu dem Ganzen der Wirklichkeit gehören, deren Anschauung sich aus jenen Bildern zusammensetzt; ja, daß diese unsere eigene Thätigkeit den Hauptfactor bei der Herstellung jener Bilder und der ganzen uns scheinbar umgebenden Außenwelt bildete, und daß die subjectiven Verfahrungsweisen bei der Zusammenfassung der Erscheinungen zu fertigen Bildern, bei der Gruppirung und Verbindung dieser zu dem Ganzen unserer Weltansicht die ersten Grundlinien und Theilstriche in die unabsehbare Menge unserer Empfindungen und

Gefühle bringen halfen und dadurch zu Keimen unserer Begriffe über die letzten wirkenden Principien alles Seins und Geschehens wurden. Je mehr die Erkenntniß dieses wahren Sachverhalts wächst, je mehr wir einsehen lernen, daß es nur Principien und Bedürfnisse unserer eigenen erkennenden Vernunft sind, welche uns antreiben, einzelne Empfindungen gruppenweis zu Vorstellungen gesonderter Dinge zusammenzufassen, diese in gegenseitige Relation zu setzen, das Gemeinsame in den Dingen zu übergeordneten Begriffen auszusondern und alle Dinge und Ereignisse zu dem Ganzen eines einheitlichen Weltprocesses zusammenzufassen, daß mithin alle Dinge, welche unseren Gesichtskreis erfüllen, alle Eintheilungen, alle Gesetze und Beziehungen zwischen jenen Dingen, die wirksamen Keime ihrer Entstehung in Bedürfnissen und ursprünglichen Veranlagungen unseres eigenen Wesens haben, um so mehr tritt die Bedeutung und der Werth dieser ursprünglichen Grundzüge unseres subjectiven Geisteslebens für die Gestaltung unserer gesammten Weltansicht hervor; um so mehr werden wir inne, daß das Ziel alles Erkennens wesentlich und in erster Linie auf das genaue Verständniß und die Verdeutlichung dessen gerichtet sein müsse, was wir sollen, wozu wir überhaupt da seien, welcher Werth und welche Bedeutung dem Dasein überhaupt und unserer Bestimmung in demselben beizumessen sei.

Je mehr wir uns dieses Alles zur Klarheit bringen, um so mehr werden wir einsehen, daß die in den Formen des Fühlens, Wollens und Vorstellens erlebten inneren Vorgänge in den lebendigen Wesen nicht nur mit zu dem Ganzen des Weltprocesses gehören, sondern, daß sie in der That das allein wahrhaft und an sich Wirkliche sind, die lebendige Grundlage, aus der alle Formen, Gestalten, Bilder, Gesetze und Verhältnisse unserer ganzen Weltansicht, der ganzen Weltwirklichkeit überhaupt hervorwachsen, daß die subjectiven Erscheinungen und Vorstellungen der realen Processe des Geschehens außer uns nicht bloße Nebenproducte dieser sind, welche nur bestimmt wären, uns begreiflich zu machen, was um uns her in einer uns umgebenden Außenwelt vorgehe, daß wir nicht deshalb sehen, hören, riechen und schmecken, um nach den Ursachen dieser subjectiven Erscheinungen in einer vorausgesetzten Außenwelt zu forschen, sondern um unser Herz an dem Gesehenen und Gehörten zu erfreuen und diese Eindrücke zur Erreichung unserer individuellen Lebensbestimmung zu verwenden. Die Erscheinungen des Wirklichen in der Vorstellungswelt lebendiger Wesen sind daher nicht als gleichgültige Nebenproducte, sondern eher als Hauptproducte derjenigen realen Processe zu betrachten, welche dieselben in uns anregen; in ihnen entfalten sich jene realen Processe erst zu voller Blüthe und Frucht. Die Processe der äußeren Natur erscheinen nur als Vorbedingungen und Mittel zur Entfaltung und Erhaltung des geistigen Lebens, in welchem das wahre Wesen, die wahre Bedeutung, der wahre Werth und die wahren Ziele alles Geschehens erst wirklich und offenbar werden.

Wir erleben unmittelbar in uns, was Sein, Wirken, Leiden, Fühlen, Denken und Wollen in Wahrheit sei und bedeute, welchen Sinn, Inhalt und Zweck das Leben habe, und diese Selbstoffenbarung des eigenen Wesens, welche sich durch die fortschreitende Arbeit des Lebens und Erkennens zu einer mehr oder weniger umfassenden Weltansicht in uns erweitert, ist nicht blos Erscheinung, welche auf ein Sein hindeutet, welche zur Abbildung und Reproduction eines hinter der Erscheinung belegenen noch wahreren Seins bestimmt wäre, sondern offenbart uns das Wirkliche selbst in seiner Blüthe und höchsten Potenz, in seiner wahren an sich seienden Gestalt, wie es in unserem Fürsichsein unmittelbar zur Realität gelangt. Die Aufgabe des Erkennens ist daher nicht, aus dem innerlich Erlebten als einem Scheine das wahre Sein eines solchen Schein erregenden Wirklichen mittelst irgend welcher Erkenntnißtheorie zu enträthseln, sondern das innerlich Erlebte seinem wahren Werthe und Zusammenhange nach zu würdigen, um von ihm zum Zwecke unseres Lebens Gebrauch zu machen. Wenn das Wirkliche sich uns in Farben, Klängen und Gerüchen offenbart, so sind diese nicht etwa ein bloßer Schein, der uns das Wirkliche in verkürzter und verstümmelter Weise zur Anschauung brächte, so sind sie eben die Art, wie das Wirkliche in uns offenbar und wirklich wird, wie es in uns aufblüht zu wahrem vollem Leben. In diesem wahren vollen Leben erst werden die Werthe des Wirklichen offenbar und wirklich, sie werden als solche von uns gefühlt, und in diesem Gefühl besteht ihr wahres Wesen. Entfaltung der in unserer Naturanlage enthaltenen Keime ist der Zweck des Lebens, und diesem Zwecke ist auch die Aufgabe des Erkennens untergeordnet. Erkennen ist Verdeutlichen dessen, was wir unmittelbar in uns erleben, was in unserer Naturanlage gegeben ist und durch Einwirkungen anderer Wesen in uns angeregt wird, Verdeutlichung und consequente Ausgestaltung der factisch gegebenen Grundlage unmittelbarer Lebenswirklichkeit.

Da wir mit zu dem Ganzen der Welt gehören und durch die Erfüllung unserer Lebensbestimmung den Zweck des Weltprocesses fördern sollen, so können wir unsere Lebensaufgabe nicht verstehen, ohne eine bestimmte Ansicht über die Welt im Ganzen und das Ziel des Weltprocesses in uns zu bilden. Diese Weltansicht wird sich in den verschiedenen Wesen verschieden gestalten, je nach dem Grade und der Art ihrer individuellen Entwickelung und nach dem Standpunkte, auf welchem sie sich in den verschiedenen Stadien ihrer Entwickelung befinden. Da jedenfalls die letzteren für alle verschieden sein werden, so können die Weltbilder in der Auffassung der verschiedenen Wesen sich nie vollständig decken, wohl aber kann in allen der wesentliche Sinn der Wirklichkeit in mehr oder weniger vollständiger, individuell gefärbter Weise zum Ausdruck gelangen; sie können alle zu einander und zum Ganzen in einem bestimmten gesetzlich geregelten Zusammenhange stehen.

Daß dieses letztere wirklich der Fall sei, lehren die Aufschlüsse, welche wir oben aus der näheren Betrachtung der in uns vorhandenen sittlichen Norm unseres Wollens erhielten. Soll der ganze Weltproceß ein einheitlicher, zweckbestimmter sein, so müssen die einzelnen dazu mitwirkenden Factoren, die lebendigen Wesen, deren Gesammtheit das Universum constituirt, sich unter einander verständigen, auf einander wirken, sie müssen überhaupt die Erfolge ihres Wollens und Handelns vorausberechnen können. Dieses ist nur möglich, wenn alles Geschehen überhaupt in einem ausnahmslosen gesetzlichen Zusammenhange steht. Erwägen wir nun, daß die Naturanlage aller das Weltall constituirenden Wesen mitinbegriffen ist in die Einheitlichkeit des teleologisch bestimmten Weltprocesses, so ergiebt sich als weitere Consequenz, daß alle Vorgänge in allen Wesen, also auch alle Erscheinungen in ihnen unter einander in einem ganz bestimmten gesetzlichen Zusammenhange stehen müssen. Ist dieses aber der Fall, so leisten die Mittel unseres Erkennens in der That alles, was wir billigerweise von ihnen verlangen können, so reichen sie vollkommen aus, um die Aufgabe des Erkennens zu ermöglichen, wenn wir die letztere in dem angegebenen Sinne richtig verstehen. Sie reichen aus, uns eine Ansicht der Welt im Ganzen zu verschaffen, welche unserem individuellem Standpunkte, unserem individuellem Gesichtskreise und unserer individuellen Lebensbestimmung entspricht, sie reichen aus, die Erfolge unseres Wollens in beschränktem aber doch zureichendem Maße zu bestimmen.

Berücksichtigen wir alle diese Erwägungen, um uns klar zu machen, was Wahrheit sei und bedeute? worin das Kriterium der Wahrheit bestehen könne?

Da der Zweck des Erkennens nicht auf ein bloßes Abbilden

dessen gerichtet ist, was außer uns geschieht, so kann die Wahrheit unserer Vorstellungen der außer uns gesetzten Dinge und Ereignisse nicht darin bestehen, daß jene diesen in allen Beziehungen congruent oder auch nur im mathematischen Sinne ähnlich seien. „Nichts ist einfacher*) als die Ueberzeugung, daß jeder erkennende Geist Alles nur so zu Gesicht bekommen kann, wie es für ihn aussieht, wenn er es sieht, aber nicht so wie es aussieht, wenn es Niemand sieht; wer eine Erkenntniß verlangt, welche auf mehr als ein lückenlos in sich zusammenhängendes Ganze von Vorstellungen über die Sache wäre, welche vielmehr die Sache selbst erschöpfte, der verlangt keine Erkenntniß mehr, sondern etwas völlig Unverständliches. Man kann nicht einmal sagen, er wünsche die Dinge nicht zu erkennen, sondern geradezu sie selber zu sein; er würde vielmehr auch so sein Ziel nicht erreichen; könnte er es dahin bringen, das Metall etwa selbst zu sein, dessen Erkenntniß durch Vorstellungen ihm nicht genügt, nun so würde er es zwar sein, aber um so weniger sich, als nunmehriges Metall, erkennen; beseelte aber eine höhere Macht ihn wieder, während er Metall bliebe, so würde er auch als dies Metall sich gerade nur so erkennen, wie er sich in seinen Vorstellungen vorkommen würde, aber nicht so, wie er dann Metall wäre, wenn er sich nicht vorstellte."

Wahr sind unsere Vorstellungen vielmehr dann, wenn sie das, was in uns vorgeht, seinem Inhalte und seinen Consequenzen nach adäquat zum Ausdruck bringen, wenn sie folgerecht das zusammenfassen, was zusammengehört und es mit dem Ganzen unserer Weltansicht in consequente Uebereinstimmung bringen. Wahrheit besteht daher nicht in einer Congruenz unserer Vorstellungen von Dingen und Ereignissen außer uns mit diesen selbst, sondern in der sachgemäßen Auffassung des

*) So sagt Lotze: Logik. Drei Bücher vom Denken, vom Untersuchen und vom Erkennen. Leipzig. Hirzel 1874. S. 485.

unmittelbar Gegebenen, in der inneren Folgerichtigkeit und Schlüssigkeit unserer Vorstellungen und deren Verhältnissen zu einander.

Das einzige Mittel, die Wahrheit unserer Vorstellungen und Schlußfolgerungen zu constatiren, besteht in ihrer Zurückführung auf einfache Thatsachen, welche wir unmittelbar erleben und auf Axiome von zweifelloser Geltung. Die Wahrheit dieser Axiome läßt sich freilich nicht mehr beweisen, sondern nur durch ein Gefühl unmittelbarer Evidenz als richtig constatiren, welches in dem Innewerden ihrer Allgemeinheit und Nothwendigkeit besteht. Das Bewußtsein der Allgemeinheit und Nothwendigkeit, welches uns die letzten Axiome alles Wissens und Erkennens als apriorisches Besitzthum des Geistes, als unmittelbar gewiß und selbstverständlich erscheinen läßt, ist das letzte und einzige Kriterium aller Wahrheit.

Wie es eine sittliche Norm in uns giebt, welche den characteristischen Grundzug unseres Wesens in ethischer Beziehung bildet, so finden wir in uns gewisse apriorische Wahrheiten, deren Gewißheit wir ebenso unmittelbar mit dem Bewußtsein ihrer Allgemeinheit und Nothwendigkeit in uns erleben, wie das Vorhandensein jener sittlichen Norm. Wie diese ist die Selbstverständlichkeit des Inhalts jener apriorischen Wahrheiten ein letztes gegebenes thatsächliches Moment, welches nur erlebbar aber nicht weiter beweisbar ist und die Grundvoraussetzung alles Erkennens bildet.

Viertes Kapitel.

Die Ausgestaltung der unter Kapitel 2 entwickelten Voraussetzungen zu einer sittlich-religiösen Weltansicht.

Ich wende mich nun zu dem zweiten Schritte meiner Untersuchung, zu dem Versuche, die mit dem Vorhandensein der verantwortlichen Freiheit des Wollens unmittelbar gegebenen Aufschlüsse, welche ich in den früher aufgestellten Sätzen zusammengefaßt habe, unter einander und mit unseren übrigen Erkenntnissen in Einklang zu bringen und mit diesen zu der Einheit einer sittlich-religiösen Weltansicht auszugestalten.

Alle jene Sätze verhalten sich, wenn man sie genauer betrachtet, zu einander wie Radien eines Kreises, die alle nach demselben Mittelpunkte gerichtet sind. Es gilt nur, diesen Mittelpunkt zu bestimmen, um deren innere Zusammengehörigkeit und das Gesetz ihrer Bildung zu begreifen. Dieses Centrum ist das absolute Weltwesen, der reale Grund alles Bestehenden, durch dessen richtige und sachgemäße Auffassung sich die Weltanschauung, deren Grundlinien jene Sätze vorzeichnen, vollständig zu einem einheitlichen Ganzen zusammenschließt. Erst die richtige Auffassung jenes höchsten Wesens kann der ganzen Weltansicht inneren Halt geben, sie erst kann die in jenen Sätzen nur dürftig skizzirten Grundgedanken durch Offenbarung des wahren Inhalts dessen ergänzen, was jene nur in formaler und abstracter Weise ausdrücken. Die gemeinsame Richtung auf den gesuchten Mittelpunkt ist in jenen Sätzen schon so deutlich ausgeprägt, dieselben enthalten so deutliche Hinweisungen auf das, was wir unter jenem höchsten Wesen zu denken haben, daß wir nur die dort gezogenen Linien zu verlängern, das in jenen Sätzen Gedachte nur consequent bis zu Ende zu denken haben, um das gesuchte Centrum zu finden und einzusehen, daß nur die **Idee Gottes**, das ist die Idee einer alle Weltwirklichkeit in sich schließenden lebendigen Persönlichkeit von absolutem Character dem Begriffe jenes höchsten Wesens genügen könne. Nur die Idee Gottes genügt den metaphysischen und ethischen Anforderungen, welche in jenen Sätzen enthalten sind. In dieser Idee finden jene Sätze ihren Schlußpunkt, der ihren gegenseitigen Zusammenhang erklärt und die formalen Anforderungen derselben mit den erwärmenden Strahlen eines positiven Inhalts von überirdischem Glanze erfüllt.

Um diese wichtige und höchste Consequenz unserer bisherigen Betrachtungen gegen alle Einwendungen sicher zu stellen, will ich die Gründe, welche mit zwingender Nothwendigkeit zu ihr hinleiten, jetzt entwickeln.

Ich habe bereits erwähnt, daß wir die letzten metaphysischen Grundbegriffe alles Seins und Geschehens nur aus dem schöpfen können, was wir unmittelbar in uns als wirklich erleben, nicht aus anderen Begriffen, welche erst aus diesen Erlebnissen abstrahirt sind und an sich nichts Wirkliches mehr bedeuten. Der allgemeine wesentliche Grundzug aller inneren Erlebnisse ist das Fürsichsein, die lebendige Rückbeziehung alles Erlebten auf uns selbst im Bewußtsein. Das Fürsichsein ist daher das wahre Wesen aller Realität. Realität ist **Fürsichsein.** Fürsichsein in diesem Sinne ist aber nur ein anderer Ausdruck für das, was wir unter Lebendigkeit und Geistigkeit verstehen. Nur das Lebendige kann für sich wirklich, real sein, alles Todte, Unlebendige, alles ruhende unbewegte Sein kann nur als Vorstellung in den lebendigen Wesen, nicht aber für sich selbst irgendwie wirklich sein.

Giebt es daher ein einziges höchstes Wesen, welches der wahre und letzte Grund aller Realität ist, von dem alle Einzelwesen, welche das Universum constituiren, ihr eigenes Dasein gleichsam zu Lehen tragen, so kann auch dieses höchste Wesen nicht als todte Substanz oder gar als Begriff, sondern nur als lebendiges fürsichseiendes geistiges Wesen gedacht werden.

Betrachten wir nun den Verlauf unserer inneren Erlebnisse näher, so werden wir alsbald inne, daß dieselben zum großen Theile durch Veranlassungen angeregt werden, welche nicht spontan in uns selbst entstehen oder durch vorangegangene Zustände unseres eigenen Wesens allein bedingt und hervorgerufen sind. Wir müssen daher jene Veranlassungen als Einwirkungen anderer Wesen auf uns betrachten, und der Verlauf des Lebens überzeugt uns bald, daß auch wir unsererseits auf andere Wesen einzuwirken vermögen. Unser Leben verläuft in steten Wechselwirkungen mit unzähligen anderen Wesen, und diese Wechselwirkungen erscheinen als das einzige Band, welches uns mit jenen anderen Wesen und der Welt überhaupt verbindet.

Den Hergang und die Denkbarkeit dieser Wechselwirkungen zu erklären, war das vornehmste Problem der neueren Philosophie seit Cartesius, dessen Wichtigkeit um so mehr anerkannt wurde, je mehr sich das philosophische Nachdenken auf Anregung der Naturforschung der Erklärung der thatsächlich beobachteten Vorgänge des Lebens überhaupt zuwandte.

Lotze hat dieses Problem zuerst scharf präcisirt und in einer Weise gelöst, welche die höchste Beachtung verdient. Die Wechselwirkung kann, wie Lotze sehr scharfsinnig und klar entwickelt, nicht darin bestehen, daß die Zustandsänderung des einen Wesens a auf das andere b unmittelbar übergeht, denn ein Zustand des Wesens a kann sich nicht von diesem loslösen und losgelöst von a für sich sein, er könnte, selbst wenn dies denkbar wäre, nicht die Richtung auf b finden nnd dort eine correspondirende Zustandsänderung des anderen Wesens b werden. Der sogenannte influxus physicus ist eine den metaphysischen Begriffen des Wesens und Geschehens widersprechende Vorstellung. Ebensowenig genügt die occasionalistische Erklärung, daß dem Zustande des a der correspondirende Zustand in b nach einem das Geschehen in beiden Wesen für den besonderen Fall oder nach einer allgemein verbindlichen Regel ordnenden göttlichen Machtgebote blos thatsächlich folge. Nur dadurch kann die Thatsache der Wechselwirkung erklärt werden, daß alle durch sie verbundenen Wesen als Momente des Fürsichseins einer einzigen einheitlichen Substanz betrachtet werden, welche den alleinigen wesenhaften Kern der Wirklichkeit aller Einzelwesen bildet. Jede Zustandsänderung des einen Wesens a ist dann zugleich eine Bewegung jenes ganzen einheitlichen substantiellen Weltgrundes, welcher in allen übrigen Wesen, das ist in allen übrigen Momenten des Fürsichseins jener einen Weltsubstanz, schwächer oder stärker wiederklingt und mithin zugleich als correspondirende Zustandsänderung des Wesens b hervortritt, welches auf solche Art die Einwirkung von a erleidet.

Diese Erklärung beseitigt nicht nur alle Schwierigkeiten, welche das Problem der Wechselwirkung bisher zu einer crux philosophorum machten, sondern erweitert und erleuchtet zugleich unsere theoretische Einsicht in die Verhältnisse der Einzelwesen zu einander und zu dem absoluten Weltwesen und unsere ganze Auffassung des letzteren und aller Einzelwesen in einer Weise, wie es keiner früheren Philosophie auch nur annähernd gelungen ist.

Wir begreifen nun aus der unleugbaren Thatsache der Wechselwirkung, einer Thatsache, worauf aller Weltzusammenhang und die Möglichkeit alles Erkennens beruht, daß nur ein einziges einheitliches lebendiges Wesen den realen substantiellen Grund aller Weltwirklichkeit bilden könne, daß die Realität aller das Weltall constituirenden Einzelwesen nur in Arten des Fürsichseins jenes einen Wesens bestehen könne. Wir begreifen nun mit einem Schlage, wie zwischen allem Geschehen in allen Wesen ein ausnahmsloser gesetzlicher Zusammenhang bestehen, wie der ganze Weltproceß ein einheitlicher, auf ein einheitliches Ziel gerichteter, wie die Natur und Bestimmung aller Einzelwesen auf die Mitwirkung zu diesem einheitlichen Ziele berechnet und veranlagt sein könne, wie endlich in den Einzelwesen, indem das eine absolute Weltwesen in ihnen allen auf eine gewisse, wenn auch noch so beschränkte Weise doch mit seinem ganzen Wesen für sich ist, durch fortschreitende Verdeutlichung der in ihrer thatsächlichen Naturanlage offenbarten Daseinsmomente eine Erkenntniß jenes einheitlichen Ziels des ganzen Weltprocesses entstehen könne.

Ich habe in der letzteren Beziehung bereits entwickelt, wie sich aus einer zwanglosen Deutung der Grundthatsachen des wahren Menschwesens, aus den Thatsachen der Freiheit und des Gewissens, die Grundzüge einer Weltansicht ergeben, welche den wesentlichsten bedeutsamsten Inhalt alles Geschehens wenigstens in allgemeiner Begriffsform zum Ausdruck bringt.

Diese allgemeine Begriffsform ist allerdings noch zu abstrakt, um auf eigenen Füßen stehen zu können. Sie erfüllt sich erst in dem Maße mit concretem Inhalt, als es uns gelingt, den Begriff jenes höchsten einheitlichen Wesens, welcher den Schlußstein unserer Weltansicht bildet, durch fortschreitende Erkenntniß zu vervollständigen und — wie ich der späteren Darstellung vorgreifend zur vorläufigen Orientirung einschalte — durch Erfüllung mit dem, was uns das religiöse Gefühl offenbart, abzuschließen und zu der Idee des lebendigen Gottes zu steigern.

Erwägen wir nur die wichtigsten jener vorangeführten Thatsachen, das Gelten einer ausnahmslosen Gesetzlichkeit alles Geschehens und das Vorhandensein eines einheitlichen Weltzwecks von unbedingtem Werthe, so bedarf es gar keiner weiteren Umwege mehr, um zu begreifen, daß Zwecke und Werthe nur in einer lebendigen Persönlichkeit existent werden können. Persönlichkeit legen wir einem lebendigen Wesen dann bei, wenn es seine wechselnden Zustände in der Erinnerung ein und desselben Bewußtseins zusammenzufassen, wenn es daher eigene Lebensinteressen zu hegen, selbständige Ziele zu verfolgen, Ueberlegungen anzustellen und sein Wollen und Handeln wechselnden Umständen anzupassen vermag. Durch die zusammenfassende Erinnerung knüpft ein solches Wesen die Einzelmomente seines Daseins erst zu einer Einheit von höherer Bedeutung zusammen. Die vergangenen Phasen seines Daseins gehen dann nicht mehr verloren, sondern werden in der Erinnerung erhalten und bilden in dieser Gestalt mitwirkende Factoren seines ferneren Lebens, während auch die in der Zukunft erwarteten Erlebnisse bestimmend auf die Gestaltung der gegenwärtigen einwirken. Nur in einem lebendigen Wesen, welchem Persönlichkeit eignet, kann der Begriff der Zeit entstehen. Es unterscheidet sich dadurch von allen Wesen, welchen jene höhere Form der Einheit nicht zukommt, welche nur dem Augenblicke leben und daher nur ein unzeitliches Leben führen. Nur ein persönliches Wesen kann daher auch den Begriff der Zukunft und Vergangenheit bilden, nur ein solches kann Zwecke verfolgen und seinem Leben eine bestimmte Direction geben, selbsthandelnd nach eigenen Interessen und Principien in den Lauf der Ereignisse eingreifen. Es wird dieses alles in um so höherem und intensiverem Maße vermögen, je weiter es in seiner Erinnerung zurückgreifen, je erfolgreicher es die zukünftigen Ereignisse zu berechnen vermag, je umfassender, weitgreifender und fester sich die wechselnden Zustände seines Lebens zur Einheit bewußter persönlicher Existenz zusammenschließen, in je höherem Grade ihm Einheit und Persönlichkeit eignen. Denken wir uns endlich ein höchstes Wesen, welches allen Phasen seiner ganzen Existenz, sowohl denen, die es bereits realisirte, als auch den consequent aus dem gegenwärtigen Zustande zu erwartenden zukünftigen, gleich nahe wäre, so würden für ein solches die Schranken der Zeit wiederum aufgehoben werden und verschwinden, alle Momente seines Lebens würden sich zu einer Einheit höchster Potenz, zum Begriffe einer absoluten, vollkommenen Persönlichkeit zusammenschließen. Nur diese höchste denkbare Form der Wirklichkeit, dieser umfassendste und doch zugleich concentrirteste Ausdruck des Einheitsbegriffs, nur der Begriff absoluter, vollkommener Persönlichkeit erscheint geeignet, uns eine Vorstellung von dem wahren Wesen Gottes zu machen.

Es ist einer der verhängnißvollsten Irrwege in der Geschichte der Philosophie, daß man das Wesen Gottes, um diesem vor Allem den Character der Schrankenlosigkeit und Absolutheit zu wahren, stets nur aus den durch Abstraction von allen concreten Erscheinungen des Lebens gewonnenen letzten Allgemeinbegriffen zusammensetzen zu müssen glaubte. Man bedachte nicht, daß jene obersten und allgemeinsten Begriffe zugleich die inhaltlosesten und leersten sind, wenn man nicht die concrete Fülle des Wirklichen stets ergänzend hinzudenkt, von denen sie abstrahirt worden sind. Man verwechselte hier, wie so häufig, die Ummwege, welche das Denken braucht, um sich eine Uebersicht über die Inhalte des Wirklichen zu verschaffen, indem dasselbe die gemeinsamen Merkmale der Dinge abstrahirte, diese zu Allgemeinbegriffen formulirte und in Gattungen und Arten systematisch zusammenstellte, um ihnen dann die Vorstellungen der concreten Einzeldinge nach verschiedenen Gesichtspunkten wieder zu subsumiren, mit den Entstehungsprocessen des Wirklichen selbst und ließ sich dadurch verleiten, die höchsten Allgemeinbegriffe als das erste und ursprünglich Wirkliche zu denken, aus dem dann die concrete Fülle der Dinge und Ereignisse hervorgegangen sei. Aber jene Allgemeinbegriffe sind in der That weiter nichts als Geschöpfe der Abstraction, sie haben nirgends Wirklichkeit, als in dem Geiste dessen, der sie gebildet hat und sind völlig ungeeignet, den Inhalt dessen, was wir unter dem höchsten Weltwesen zu denken haben, entsprechend auszudrücken. Man ließ sich durch jene gedankenlose Verwechselung zu dem verhängnißvollen Irrthume verleiten, daß alle concreten Bestimmungen des höchsten Wirklichen nur ebensoviele Schranken desselben bedeuten würden und machte, um Gott den Character der absoluten Schrankenlosigkeit zu wahren, ihn zu dem inhaltärmsten und dürftigsten Geschöpfe der Abstraction, indem man sein Wesen durch die leeren Begriffe einer absoluten unbeweglichen Substanz, einer regungslosen höchsten Idee u. s. w. auszudrücken suchte.

Die negativen Begriffe der Schrankenlosigkeit und Unendlichkeit enthalten an sich noch gar keine positive Inhaltsbestimmung des höchsten Wesens, welches doch nur durch den specifischen positiven Inhalt seiner Natur, durch seine eigene Würde und Erhabenheit allem Endlichen gegenüber den Character der Unendlichkeit erlangen könnte. Jene negativen Bestimmungen machen nur die Stelle frei, wo der positive Begriff Gott stehen soll, ohne diese Stelle selbst auszufüllen. Irgend welche positive Inhaltsbestimmungen müssen wir Gott doch beilegen, wenn er nicht zur leeren Unendlichkeit, zum reinen Nichts werden soll. Wir müssen ihm solche Inhaltsbestimmungen beilegen, welche ihn geeignet machen, als Grund alles Wirklichen, als erhaben über alles Endliche gelten zu können.

Sind wir daher auf dem angegebenen Wege durch Verdeutlichung der in der Freiheit und im Gewissen gegebenen Voraussetzungen zu der Ueberzeugung gelangt, daß der ganze Weltproceß auf ein einheitliches Ziel von unbedingtem Werthe gerichtet sei, so muß Gott, der Grund jenes Processes, in einer Form der Wirklichkeit gedacht werden, welche begreiflich macht, daß er Zwecke hegen und Werthe empfinden könne, wir müssen ihn in der höchsten denkbaren Form aller Wirklichkeit als absolute vollkommene Persönlichkeit auffassen, und dieser Begriff enthält nicht eine Beschränkung, sondern lediglich eine adäquate Bestimmung des wahren Wesens Gottes, dessen vorausgesetzte Unendlichkeit dadurch keineswegs alterirt, sondern insoweit, als dieses Prädicat überhaupt vernünftigen Sinn hat, nur näher präcisirt und begreiflich gemacht wird. Das Wort unendlich bedeutet streng genommen etwas, das kein Ende hat. Im gewöhnlichen Sprachgebrauche versteht man jedoch darunter nur etwas, dessen Ende man nicht sieht, etwas für uns Unermeßliches und verbindet damit den Nebenbegriff des Erhabenen, des im höchsten Grade Imponirenden. Die erstere eigentliche aber negative Bedeutung des Wortes ist lediglich den Anschauungen des Raumes und der Zeit entlehnt, und trägt wie diese einen blos phänomenalen Character, vermöge dessen das Wort in diesem Sinne sich nur auf Objecte der Vorstellungswelt in den lebendigen Wesen, nicht auf die an sich seiende wahre Natur dieser selbst anwenden läßt, welche wir unausgedehnt denken müssen. Nur die tropische und uneigentliche aber positive Bedeutung des Wortes beruht auf einer Werthschätzung des Gefühls und kann auf die wahre Natur des Wirklichen angewendet werden. Nnr im letzteren positiven Sinne können wir daher von Gott als einem unendlichen Wesen reden, das sich uns nicht sowohl wegen seiner Unerforschlichkeit und Unermeßlichkeit, als vielmehr wegen der sonstigen positiven, nur im Gefühl erlebbaren Werthbestimmungen, welche wir ihm beilegen, als über alle Maßen groß und erhaben darstellt. Object der Werthschätzung und Verehrung in diesem Sinne kann Gott aber selbstverständlich nur dann werden, wenn er als lebendige Persönlichkeit und nicht als abstracte Substanz oder leblose Idee gedacht wird. Nur der Begriff der lebendigen Persönlichkeit genügt daher dem Prädicate der Unendlichkeit, welches wir Gott beizulegen uns gedrungen fühlen.

Nichts ist daher verkehrter als der leider so oft gehörte Einwand, daß Gott in seiner über alles Menschliche unendlich erhabenen Würde dadurch herabgesetzt und vermenschlicht werde, daß man ihn als persönliches Wesen betrachte, weil Persönlichkeit eine Schranke sei, welche nur dem Endlichen zukomme. Es ist zwar richtig, daß wir den Begriff der Persönlichkeit überhaupt nicht fassen könnten, wenn wir nicht selbst Personen wären und unmittelbar in uns erlebten, was Persönlichkeit sei und bedeute. Aber das characteristische Moment, welches uns zur Persönlichkeit macht, die Fähigkeit, erlebte Eindrücke festzuhalten, in demselben Bewußtsein mit einander zu verbinden und mit gegenwärtigen und in der Zukunft erwarteten Erlebnissen zu der Einheit unseres Wesens zusammenzuschließen, dieses characteristische

Moment der Persönlichkeit ist bei uns doch nur in sehr unvollkommenem Maße entwickelt. Viele Erlebnisse vergessen wir ganz, der übrigen können wir uns nur in abgestuften Klarheitsgraden entsinnen; selbst der gegenwärtigen Erlebnisse können wir je nach unserer momentanen Stimmung und Aufmerksamkeit bald stärker, bald schwächer und immer nur in dem Rahmen eines engbegrenzten Horizonts uns bewußt werden; die Consequenzen, welche aus den erlebten und gegenwärtigen Eindrücken folgen, können wir nur in sehr mangelhafter Weise voraussehen. Unsere Persönlichkeit ist daher eine höchst beschränkte und höchst unvollkommene Species des Allgemeinbegriffs Persönlichkeit, weil wir das, was in uns vorgeht, nur in sehr mangelhafter und unvollkommener Weise zur Einheit unseres Bewußtseins, zu dem eigentlichen einheitlichen Kerne unserer wahren Natur, worin das Wesen unserer Persönlichkeit besteht, zusammenzuschließen vermögen. Diese Mängel sind aber nur Mängel, die derjenigen Art von Persönlichkeit anhaften, welche uns zu Theil geworden ist, Mängel, welche den Begriff der Persönlichkeit in uns beeinträchtigen, nicht aber constituirende Momente des Begriffes der Persönlichkeit an sich. Die Endlichkeit und die Unvollkommenheiten des Menschwesens beruhen nicht in dem, was den Begriff der Persönlichkeit im Menschen constituirt, sondern allein in der mangelhaften Entwickelung der die Persönlichkeit in uns bedingenden Eigenschaften, welche mangelhafte Entwickelung bewirkt, daß unser Wesen nicht ganz Einheit und Persönlichkeit, sondern zum großen Theil Zerfahrenheit ist, daß der Persönlichkeitskeim in uns nicht voll zur Reife gelangt. Eine consequente Steigerung des Begriffs der Persönlichkeit hilft jene Mängel und Unvollkommenheiten, welche nur den menschlichen Persönlichkeiten anhaften, schrittweise beseitigen und die höchste denkbare Stufe der Entfaltung dessen, was das Wesen der Persönlichkeit ausmacht, führt zu dem Begriffe der vollkommenen

Persönlichkeit, welche von allen jenen Mängeln frei ist und nur Gott eignet.

Ein Blick in das Leben wird sofort die Richtigkeit dieser Behauptung wenigstens für die unteren Stufen des Persönlichkeitsbegriffs bestätigen. Je mehr es einem Menschen gelingt, alle Vorerlebnisse festzuhalten, je weiter sich seine Erfahrungen ausbreiten und je consequenter er alle erlebten Eindrücke sach- und zweckgemäß mit einander zu verbinden, je fester er mithin alle Phasen seines Lebens im Bewußtsein zur Einheit seiner Persönlichkeit zusammenzuschließen vermag, um so höher steigert und entwickelt sich in ihm der Begriff der Persönlichkeit, um so mehr wird er befähigt sein, die menschlichen Schwächen zu meiden, sein Wollen und Handeln seiner wahren Bestimmung gemäß einzurichten, um so geschickter wird er sein, alle Nach- und Vorgedanken, welche die Bedürfnisse der Gegenwart erfordern, fehllos und sicher zu erreichen und bei seinen Entschließungen zu berücksichtigen, um so mehr wird er die Schranken von Zeit und Raum überwinden und das Vergangene und Zukünftige in eine concentrirtere, inhaltreichere Auffassung der Gegenwart vereinigen.

Ein Blick ferner auf den Gedankenkreis, den wir in uns anregen, wenn wir uns die Idee Gottes veranschaulichen wollen, wird das Gesagte auch von oben her ergänzend bestätigen.

Das Beduürfniß der Erklärung der Wechselwirkungen aller Einzelwesen führte zuerst von theoretischer Seite her mit Nothwendigkeit zur Aufstellung des Begriffs eines höchsten Wesens, welches als der reale Grund aller Einzelwesen gedacht werden mußte. Die Wechselwirkung konnte nur darin bestehen, daß jede Veränderung des einen Wesens a zugleich als eine Bewegung des ganzen Weltgrundes gedacht wurde, welche vermöge der Einheitlichkeit dieses in allen übrigen Momenten dessen Fürsichseins schwächer oder stärker wiederklingend die correspondirende Veränderung in b bewirken mußte. Diese Annahme hat zur Voraussetzung, daß das höchste Wesen sich nicht nur aller Momente seines Fürsichseins gleichzeitig bewußt, sondern daß ihm auch alle causalen und teleologischen Beziehungen aller gleich offenbar und gegenwärtig seien, denn nur daraus ist erklärlich, daß jedem Grunde seine Folge, jeder Ursache ihre Wirkung in den wechselwirkenden Einzelwesen folge, nur daraus ist ein causaler und teleologischer Zusammenhang alles Geschehens überhaupt erklärlich. Nur dadurch kann Gott über Zeit und Raum erhaben gedacht werden, daß er alle Momente des Geschehens für sich im Ganzen und in allen Einzelwesen in der Einheit seines Bewußtseins zusammenschließt, allen gleich nahe und in allen gegenwärtig. Nur daraus ist seine Allgegenwart, seine Allmacht, seine Allwissenheit und Allweisheit erklärlich, nur daraus seine Allgüte und Alliebe, durch welche Prädicate man sich gewöhnlich das Wesen Gottes zu veranschaulichen sucht, nur daraus die Einheit des Weltzwecks und dessen unbedingter Werth. Also auch von oben herab kommen alle Anhaltspunkte, welche das Leben und die Wissenschaft zur Feststellung des Gottesbegriffs liefern, darin überein, daß nur die Idee vollkommener Persönlichkeit den Anforderungen, welche wir an jenen Begriff stellen, genügen könne.

Aber alle die bisher erwähnten Anhaltspunkte zur Feststellung des Gottesbegriffs bilden in ihrer Gesammtheit doch nur ein dürftiges Gerippe, sie enthalten eine Reihe formaler Anforderungen, welche sich zwar in dem Einheitsgedanken absoluter Persönlichkeit Gottes theoretisch zusammenschließen und zu einem selbständigen Begriffe abrunden, aber diesem Begriffe fehlt doch noch die ganze Hauptsache, der lebendige Inhalt, welcher die **Heiligkeit** Gottes und den unbedingten Werth des Weltzwecks begründen soll, vermöge deren Gott für uns erst zum Gegenstande der Verehrung und Anbetung werden kann.

Ich habe schon erwähnt, daß die letzten Inhalte der Begriffe, in denen sich unser Denken bewegt, nur im Gefühl erlebt werden, nicht aber sich vollständig in Begriffsform übersetzen lassen können. Im Gefühl erst offenbaren sich die Inhalte, die Werthe des Lebens. Das Denken dient nur dazu, diese Inhalte in das richtige gegenseitige Verhältniß zu setzen, dieselben zu vergleichen, zu verbinden, und durch diese und alle sonstigen Denkprocesse die relative Bedeutung jener zu ermessen, und zu den Zwecken unseres Lebens den richtigen Gebrauch von ihnen zu machen. Die nur erlebbaren Inhalte selbst, alle Momente des Empfindens, Fühlens und Wollens, können nur dadurch Gegenstand der Mittheilung werden, daß wir den Anderen durch Nennung der Namen, mit denen sie bezeichnet werden, auffordern, jene inhaltlichen Momente des Lebens selbst in sich nachzuerzeugen oder sich ihrer zu erinnern und dadurch erst inne zu werden, was wir mit jenen Namen meinen. So ist es mit den einfachen sinnlichen Empfindungen, so mit all den unabsehbar verschiedenen stets für sich specifisch bestimmten Gefühlen, welche in den mannigfaltigsten Combinationen und Formen, meist verbunden mit sinnlichen Empfindungen und Bildern, und gleichsam in das Gewand dieser gehüllt, die wahren Inhalte aller unserer Begriffe von Dingen und Ereignissen und unserer wechselnden Beziehungen zu diesen bilden, welche eben durch ihre specifisch bestimmte inhaltliche Natur all unseren Vorstellungen erst Leben und Farbe geben. Stellen wir uns z. B. eine geliebte Person vor und überlegen, worin unser Interesse an derselben besteht, so ist es nicht die Begriffsform, in der wir sie auffassen, nicht das System der Linien, in das wir ihre Gestalt zusammenfassen, was uns zu derselben hinzieht; es sind vielmehr die mannigfachen Gefühle der Werthschätzung und Theilnahme, welche ihr eigenartig specifisches Leben in uns erweckt, das wir unter der Hülle jener Begriffsform und Gestalt voraussetzen. Es ist das eigenartig specifische Leben, welches alle einzelnen Merkmale des Begriffs Mensch gerade in diesem Individuum auf besondere Art bestimmt und in den Linien seiner äußeren

Gestalt nur wiedererscheint, welches alle Lebensmomente gerade dieses Individuums, all sein Fühlen, Wollen und Denken, die Art seines Benehmens nach allen Richtungen hin characteristisch bestimmt. Die Totalität dieser Gefühle, unzertrennbar freilich verknüpft mit den Formen der Begriffe und Vorstellungen, welche das Bild jener Person constituiren, und gehüllt in das Gewand der sinnlichen Empfindungen, in denen jenes Bild uns äußerlich erscheint, ist der lebendige Inhalt dessen, was die Erscheinung jener Person belebt, wenn sie uns begegnet, was den wahren, nur erlebbaren Inhalt ihrer Vorstellung bildet, wenn wir sie uns in der Erinnerung vergegenwärtigen.

So verhält sichs nicht nur mit den Personen, mit denen wir verkehren, sondern mit allen Dingen, welche uns umgeben und das Bild einer uns umgebenden Außenwelt zusammensetzen, so mit allen Begriffscomplexen, in welche wir jene Dinge und die Ereignisse des Lebens zusammenfassen, so auch mit unserer Auffassung des Weltganzen, des Weltzwecks, so endlich mit unserer Idee des höchsten Wesens.

Der Begriff dieses höchsten Wesens würde leer und inhaltlos bleiben wie die Begriffsform und Gestalt eines uns gleichgültigen fremden Menschen, wenn wir nicht den Inhalt dessen, was wir in ihm vorstellen, **im Gefühl** auf specifisch bestimmte Art erleben könnten. In der That ist dieser Inhalt und solches Gefühl mehr oder weniger ausgeprägt in jeder Menschenbrust vorhanden; es ist vorhanden nicht nur gleichwerthig neben den sonstigen Gefühlen und Empfindungen, welche unseren Gesichtskreis füllen, sondern es überstrahlt alle anderen, es ist die wahre Lebenssonne, welche allen anderen Inhalten unseres Gesichtskreises erst Licht, Leben und Farbe giebt; es ist der concentrirteste Inhalt unseres Lebens, der wahre Inhaltsstamm, aus dem alle anderen Lebensinhalte hervorwachsen, von dem sie gewissermaßen ihre Inhaltlichkeit zu Lehen tragen.

Um den specifischen Character dieses Gefühls, oder vielmehr dieses Complexes von Gefühlen, welcher den Begriff des höchsten Wesens in uns erst belebt und zu der Idee des lebendigen Gottes steigert, näher zu bestimmen, knüpfe ich an die Aufschlüsse an, welche uns die Verdeutlichung des wahren Wesens der verantwortlichen Freiheit offenbarte.

Wir fanden, daß die unbedingt verpflichtende Kraft der Gebote des Gewissens in letzter Instanz nur in dem unbedingten Werthe des durch die Erreichung unserer sittlichen Bestimmung zu fördernden Endziels des gesammten Weltprocesses beruhen könne. Ueberlegen wir nun, wie es möglich sei, daß jenes uns scheinbar so fernliegende Endziel von uns überhaupt als Werth, wie es möglich sei, daß dieser Werth von uns sogar als unbedingter, absoluter Werth gefühlt werden könne? Suchen wir uns den specifischen Inhalt dessen zu verdeutlichen, was wir als Unbedingtheit jenes Werthes eigentlich in uns fühlen und erleben? Indem wir diese Frage erwägen und uns das soeben Gesagte vergegenwärtigen, werden wir inne, daß jene früher zusammengestellten Voraussetzungen der verantwortlichen Freiheit in der That noch weiter nichts als blos formale Anforderungen dessen zum Ausdruck gebracht haben, was das Gefühl des Soll in uns begründet. Wir forderten die Voraussetzung eines unbedingten Werthes, ohne anzugeben, worin er bestehe, ohne den Inhalt dessen anders als nur andeutungsweise zu bezeichnen, was wir eigentlich damit meinten. Jetzt erst, nachdem wir eine bestimmte Vorstellung darüber gewonnen haben, wie und wo überhaupt ein letzter Endzweck des Weltprocesses existent werden könne; jetzt erst, nachdem wir eingesehen haben, wie ein solcher Endzweck nur in einem lebendigen persönlichen Wesen existent werden könne, welches den realen Grund aller Weltwirklichkeit ausmacht, jetzt erst fällt ein helles Licht in jenen Vorstellungskreis, der bis dahin nur unklar ausdrückte, was wir nichtsdestoweniger deutlich empfanden.

Wahrhafte Theilnahme können wir nur für das empfinden, was in lebendigen Wesen vor sich geht und von uns als bedeutungsvoll, erhaben und heilig im Gefühl erlebt wird, nicht für die Herstellung irgend welcher blos factischer Thatbestände von blos formaler Geltung und Bedeutung. Dadurch, daß wir genöthigt wurden, das höchste Wesen, welches den Endzweck des Weltprocesses setzt, als lebendiges persönliches Wesen zu begreifen, wird es Licht in unserem Inneren. Ein anderes Gefühl, welches längst in uns lebendig und wirksam war, kommt uns nun mit einem Schlage als der noch fehlende Schlußstein unserer ganzen Ansicht ins Bewußtsein. Wir erinnern uns des religiösen Gefühls, welches noch über dem sittlichen Gefühl steht und die Quelle dieses ist, welches dem bis dahin unklaren und unbestimmten Gefühle des Soll nun mit einem Mal feste Richtung, festen Inhalt, Leben und Wärme giebt. Im religiösen Gefühl erleben wir den wahren vollen Inhalt dessen, was wir mit der Idee des höchsten Wesens meinen, durch das religiöse Gefühl erst verklärt sich der Begriff eines höchsten Wesens zur Idee des lebendigen **Gottes**. Wir erleben im religiösen Gefühl, wenn auch nur ahnungsvoll und unbestimmt, so doch in gewaltiger, erhabener, unser Innerstes mit heiligem Schauer durchdringender Tiefe das wahre Wesen des Höchsten, den Inhalt und die Bedeutung des Göttlichen. Wenn auch das Innewerden dieses Höchsten uns blendet wie der Anblick der Sonne, so erfahren wir doch in unsagbarer Seligkeit die belebende und erneuernde Kraft dieses Urquells alles Lichts und alles Lebens. Die theoretischen Begriffsradien, welche sich concentrisch in den aufgestellten Sätzen zum Innewerden dieses höchsten Lebensinhaltes vereinigen, beleben sich nun rückwärts durch das nur im Gefühl religiöser Begeisterung sich vollendende Bewußtwerden jenes Inhalts; es wird Licht in allen Sphären unseres Daseins, der Eigenwerth aller Dinge und Ereignisse tritt leuchtend hervor in dem Maße, als er durch das Verständniß des

Zusammenhangs dieser mit jenem Endzweck alles Lebens erhellt und aufgeklärt wird. Jetzt erst verstehen wir das Leben, Zweck und Dasein der Welt, den unendlichen Werth unserer sittlichen Bestimmung, durch welche wir zu dem Endzweck des Ganzen mitzuwirken bestimmt und gewürdigt sind.

Erlebten wir im Gewissen, daß wir moralische Wesen seien, so erleben wir nun im religiösen Gefühl, daß wir göttlichen Wesens sind. Offenbarte uns das Gewissen die Hoheit des Sittengesetzes, so lehrt uns das religiöse Gefühl den tieferen wahren Grund jener Hoheit erkennen, indem es uns die Heiligkeit und Erhabenheit Gottes zum Bewußtsein bringt. Es offenbart uns, daß wir Gott und dem Ganzen der Welt nicht kalt und theilnahmlos gegenüberstehen, sondern daß wir in unendlicher Liebe mit ihm verbunden sind, der unser ganzes Wesen und dasjenige aller Weltwesen bedingt. Wir verstehen dies in um so höherem Maße, je mehr wir unser wahres Menschwesen erkennen; je edler und vollendeter wir unser Leben gestalten, um so voller und tiefer durchklingt uns das religiöse Gefühl, der heilige Born aller Sittlichkeit und Humanität, aller wahren Werthe des Lebens. Es offenbart uns, daß der Inhalt des Weltzwecks die Liebe ist, und daß alle übrigen Werthe nur diesem göttlichen Urquell alles Lebens entspringen können, denn nur die Liebe kann als das Gute an sich betrachtet werden. „Die Liebe, indem sie Wirklichkeit hat als eine Bewegung des ganzen lebendigen Geistes, welche sich selbst weiß, sich fühlt und sich will, ist eben deswegen nicht nur eine formale allgemeine Bedingung, unter der irgend einem Anderen, das sie erfüllte, zukäme gut zu sein, ohne daß sie es selbst wäre; sondern sie ist das Einzige, das im eigentlichen Sinne diesen Werth hat oder dieser Werth ist, und alles Andere, Entschlüsse, Gesinnungen, Handlungen und besondere Richtungen des Willens, alles dies trägt nur abgeleiteter Weise mit ihr denselben Namen des Guten. Wir, die endlichen

Wesen, in einer Welt befaßt, deren Plan unserer Einsicht nicht offen liegt, können die wohlwollende Liebe nicht unmittelbar in der Hoffnung wirken lassen, daß jede Richtung, die unsere mangelhafte Voraussicht ihr gäbe, zu dem Gute führen werde, das sie erstrebt; uns hält unser Gewissen in einer Mehrheit sittlicher Gebote die allgemeinen Gesetze vor, nach denen geleitet unser Handeln unter den verschiedenartigen Veranlassungen, die ihm gegeben werden, des rechten Weges sicher ist: dem göttlichen Wesen steht nicht in gleicher Weise ein an sich Gutes als ein auch ihm geltendes Gebot gegenüber. Keinerlei wesenlose, unwirkliche und dennoch an sich ewig giltige Nothwendigkeit, weder ein Reich der Wahrheiten, noch ein Reich der Werthe, ist früher als das erste Wirkliche, sondern das Wirkliche, welches die lebendige Liebe ist, entfaltet sich in eine Bewegung, die dem endlichen Erkennen sich in die drei Seitenkräfte des Guten, welches ihr Ziel ist, des Gestaltungstriebes, der es verwirklicht, und der Gesetzlichkeit zerlegt, mit welcher dieser die Richtung nach seinem Zwecke innehält*)."

Blicken wir noch einmal auf das Gesagte zurück, so begreifen wir jetzt erst in vollem Umfange, was es heißt: frei zu sein, d. h. mit dem Gefühle der sittlichen Verantwortung sich nach inneren Motiven zum Wollen bestimmen zu können. Die wissenschaftliche Analyse dessen, was in und mit der Thatsache der menschlichen Freiheit unmittelbar gegeben ist, hat uns darüber aufgeklärt, daß wir es hier in der That mit einer Grundthatsache alles Lebens und Erkennens zu thun haben, welche ihre Wurzeln tief in den Boden des Allerheiligsten der gesammten Weltwirklichkeit hinabsenkt, mit einer Thatsache, in welcher die Grundlinien unserer sittlich-religiösen Weltansicht fest und sicher vorgezeichnet sind. Wir haben gesehen, daß Freiheit so, wie sie in uns wirklich ist, nur dadurch in uns wirklich

*) Lotze: Mikrokosmus Bd. III S. 608.

sei, daß der ganze Weltproceß auf ein einheitliches Ziel von unbedingtem Werthe gerichtet ist, und daß wir selbst zur Mitwirkung an diesem Ziele berufen sind, daß ein lebendiger persönlicher Gott, dessen Wesen die Liebe ist, der Grund aller Weltwirklichkeit und also auch unseres eigenen Lebens ist und daß ein aus dem Grunde des Allerheiligsten aller Weltwirklichkeit entspringendes Lebensinteresse von unbedingtem Werthe die normgebende höchste treibende Kraft unseres Wesens ist, denn nur daraus kann der characteristische Grundzug unseres freien Wollens, das Gefühl der Verantwortlichkeit, erklärt werden.

Die wissenschaftliche Analyse zerstörte nicht, sondern bestätigte und befestigte nur in allen wesentlichen Punkten jene auf dem Boden des practischen Lebens und der Geschichtsbetrachtung erwachsene Ansicht, welche das Vorhandensein der menschlichen Freiheit von jeher als unabweisliche Forderung der Humanität hinstellte. Anstatt das wahre Wesen der Freiheit zu alteriren, führte sie uns erst zum vollen Verständnisse desselben und überzeugte uns zugleich, daß in der Thatsache der menschlichen Freiheit eine sichere Bürgschaft für die Realität der höchsten Güter des Lebens, eine Bürgschaft für die Wahrheit derjenigen Voraussetzungen gegeben sei, welche die sittliche und religiöse Grundlage unseres Lebens bilden.

Im Wollen besteht die active progressive Seite unseres Lebens, im freien Wollen tritt unser wahres specifisches autonomes Menschwesen hervor, in ihm entwickelt sich unser Leben, schreitet es vorwärts, greift es selbstthätig ein in den Lauf der Ereignisse, auf ihm beruhen alle positiven Werthe des Lebens, alle Moral, alles Recht, alle Religion, weil alle durch die freie Selbstentwickelung des Individuums, durch die selbständige, verantwortliche Lebensführung bedingt sind.

Wären wir in all unserem Handeln determinirt, so wären

wir nicht Menschen, sondern Automaten. Wir wären dann nur passive Zuschauer eines Lebens, welches in uns und nicht von uns gelebt würde — oder vielmehr, nicht eines Lebens, sondern eines blinden mechanischen Processes. Unerklärt blieben das Gewissen, alle Gefühle der Befriedigung, Hoffnung und Sorge, welche durch den activen Lebensproceß des verantwortlichen Wollens bedingt sind. Alle Religion, alle Moral, alles Recht würden zu bloßen Namen ohne Inhalt, denn es ist vergeblich, diese Grundpfeiler aller menschlichen Ordnung auf ein anderes Fundament zu stellen als auf die menschliche Freiheit.

Zweiter Theil.

Kritik der hauptsächlichsten Einwendungen gegen das Vorhandensein und die Bedeutung der menschlichen Freiheit.

Erstes Kapitel.

Uebersicht und Eintheilung.

Da wir mit dem Worte „Freiheit" nur den specifischen und characteristischen Inhalt dessen bezeichnen, was wir thatsächlich unmittelbar in uns erleben, indem wir uns unter gleichzeitiger Einwirkung verschiedener Motive entscheiden, etwas Bestimmtes zu wollen, so können Einwendungen, welche gegen das Vorhandensein dessen gerichtet sind, was wir unter Freiheit verstehen, nur darauf beruhen, daß man entweder unter dem Begriffe „Freiheit" etwas anderes versteht, als jene thatsächlich erlebte Fähigkeit unseres Wesens, oder daß man durch irgend welche theoretische Voreingenommenheit verleitet wird, die Thatsächlichkeit und das Wesen dessen zu verkennen, was wir unmittelbar in uns erleben, indem wir etwas Bestimmtes wollen.

Der Unterschied beider Arten von Einwendungen, deren Grenze nicht scharf gezogen werden kann und welche deßhalb vielfach in einander übergehen, beruht im Wesentlichen darauf, daß die ersteren von einem fertigen aber falschen Begriffe der Freiheit ausgehen, während die anderen den Begriff der Freiheit erst aus den Thatsachen der unmittelbaren Lebenserfahrung zu entwickeln suchen. Die ersteren lassen diesen Thatbestand meist stillschweigend auf sich beruhen und kämpfen nur mit den Folgen selbstgeschaffener Schwierigkeiten, indem sie Widersprüche gegen das Vorhandensein und Wesen der Freiheit entdeckt zu haben wähnen. Die letzteren beschäftigen sich ausdrücklich mit jenem Thatbestande der unmittelbaren Lebenserfahrung und bekämpfen in der That Vorhandensein und Wesen der Freiheit, weil sie das letztere principiell verkennen.

Die Einwendungen der ersteren Art habe ich bereits früher (Abschnitt I Kap. 1 und 2), wo es sich um Feststellung des Begriffes und Wesens der Freiheit handelte, eingehend zu widerlegen gesucht.

Es gehörte dahin vor Allem die gleich im Eingange des ersten Abschnitts gerügte Verwechselung der Freiheit mit dem falschen Begriffe des liberum arbitrium indifferentiae. Theils aus solcher Verwechselung, theils aus einer mißverständlichen Ueberschätzung des Sinnes und der Bedeutung des allgemeinen Causalnexus entsprang auch, wie wir gesehen haben, der populärste und anscheinend schwerste Einwand, der gegen das Vorhandensein der menschlichen Freiheit erhoben zu werden pflegt, nämlich der, daß dieselbe dem Causalgesetz widerstreite. Auch in Betreff dieses letzteren brauche ich nur auf meine frühere Ausführungen (Abschnitt I Kap. 2) zu verweisen. Es ergab sich dort, daß nicht nur kein Widerstreit zwischen der Annahme der Freiheit und dem Bestehen des allgemeinen Causalnexus obwaltet, sondern daß beide Glieder dieses scheinbaren Gegensatzes sich organisch in unsere sittlich-religiöse Weltansicht einfügen, indem sie sich wie Zweck und Mittel zu einander verhalten. Die Freiheit, als die Form der Verwirklichung aller wahren Werthe des Lebens, erschien uns als Selbstzweck, der die Rechtfertigung seines Bestehens in sich selbst trägt. Der allgemeine Causalnexus aber stellte sich als das unentbehrliche Mittel dar, dessen der freie Entschluß bedarf, um sich selbst zu verwirklichen und seine Folgen vorausberechnen zu können.

Aus einer Ueberschätzung der Bedeutung und Tragweite der Freiheit erwuchs endlich das gleichfalls an dem angeführten Orte bereits widerlegte Vernunftbedenken, daß die Freiheit mit der allgemeinen Ordnung der Dinge unvereinbar sei.

Es bleibt mir daher jetzt nur noch übrig, neben den Einwendungen der zweiten Art, deren Widerlegung den größten Theil dieses Abschnitts in Anspruch nehmen wird, im nächsten Kapitel die eigenthümliche Behandlung des Freiheitsproblems bei Kant einer näheren Beleuchtung zu unterziehen.

Zweites Kapitel.

Der Freiheitsbegriff bei Kant.

Wenn man sich jenes richtige Verhältniß zwischen Freiheit und Causalität klar und deutlich zum Bewußtsein bringt, so verschwindet der Haupteinwand gegen das Vorhandensein der menschlichen Freiheit und damit die Hauptschwierigkeit, welche das ganze Problem belastet. Es kommt dann nur noch darauf an, zu begreifen, wie es möglich sei, daß Wesen existiren, welche sich nach autonomen Principien selbst zum Wollen bestimmen können, und worin deren autonome Natur bestehe? Die erstere Frage überschreitet die menschliche Competenz. Sie ist entbehrlich, nachdem die innere Erfahrung uns von der autonomen Natur unseres eigenen Wesens überzeugt hat, nachdem wir erfahren haben, daß wir ein Gewissen, eine innere Norm unseres Wollens von unbedingt verpflichtender Geltung thatsächlich in uns tragen. Jene Frage könnte nur dann unabweislich erscheinen, wenn es unsere Aufgabe wäre, die Welt zu schaffen, anstatt den Sinn der Geschaffenen zu verstehen, sie kann nur von einer sich selbst überfliegenden Speculation aufgeworfen werden, welche die Welt aus selbstgeschaffenen Principien construiren möchte, anstatt sich mit der Aufgabe zu begnügen, die Principien rückläufig aus dem gegebenen Thatbestande der Erscheinungen und inneren Erlebnisse zu erkennen, um den inneren Zusammenhang des Complexes der letzteren danach verstehen zu lernen.

Die zweite Frage können wir nur durch Verdeutlichung dessen beantworten, was wir selbst unmittelbar erleben, indem wir uns auf gleichzeitig einwirkende Motive zum Wollen entschließen. Ich habe im ersten Abschnitte den Proceß dieser Verdeutlichung zu einem gewissen Abschlusse zu führen gesucht und dargethan, daß und wie in der That die Grundlinien unserer ganzen Weltansicht durch die specifische Beschaffenheit der autonomen Natur unseres Wesens vorgezeichnet sind.

Die Bedeutung der auf diesem Wege erlangten Resultate kann nicht überraschen, wenn man bedenkt, daß sich unsere ganze Weltansicht lediglich aus subjectiven Daten zusammensetzt, und daß die Subjectivität und Realität unseres ganzen Wesens nur in einer Art des Fürsichseins des absoluten Wesens bestehen können, und daher, insofern dieses mit seinem ganzen Wesen in uns für sich ist, die Grundthatsachen unseres eigenen Wesens, welche dessen specifischen Character am concentrirtesten zum Ausdruck bringen, geeigneter sein müssen, uns über die Grundzüge der ganzen aus unserem Innern entspringenden Weltansicht aufzuklären, als die Summe der peripherischen Ereignisse, welche der Lauf des Lebens und die Beobachtung in allen Einzelgebieten der Forschung allmählig zu Tage fördern, und welche wohl zur Bereicherung, Vervollständigung und Ergänzung des principiell Erkannten, nicht aber für sich allein zur Feststellung der Principien ausreicht.

Dies ist auch der Weg, den die Reformbewegung des Kantschen Kriticismus anstrebt und der von Kant selbst in großartiger Weise angebahnt ist.

Um so mehr müssen wir beklagen, daß dieser große Geist durch überkommene Vorurtheile und Einseitigkeiten, von denen er sich nicht loszuringen vermochte, an einer völlig richtigen und sachgemäßen Auffassung der Freiheit verhindert wurde. Insbesondere hinderte ihn daran seine verhängnißvolle Scheidung der Begriffe von Erscheinung und Ding an sich und die Behauptung der Unerkennbarkeit des letzteren. Er wurde dazu durch die falsche Voraussetzung der nothwendigen „Beharrlichkeit der Substanz“ getrieben, welche ihn verhinderte, die Realität des Lebendigen als des letzten gegebenen Wirklichen anzuerkennen und deßhalb die Bedeutung der unmittelbaren Erlebnisse entsprechend zu würdigen. Er ließ sich dnrch jene falsche Voraussetzung verleiten, auch im Ich einen beharrlichen substantiellen Wesenskern zu hypostasiren, ein Ding an sich, das er als unerkennbar hinstellte, weil in dem, was wir wirklich erleben, in der That keine Spur davon zu entdecken ist.

Er verschloß seine Augen und seinen Geist vor den lichten Offenbarungen dessen, was wir unmittelbar in uns erleben, und verlegte alles, was sich hier außer den sinnlichen Erscheinungen und den logischen Operationen des Verstandes ereignete, insbesondere auch den Proceß des freien Wollens, in die selbstgeschaffene unaufklärbare Finsterniß jenes hypothetischen Ding an sich, aus welcher er dann keinen Rückweg mehr finden konnte. Er verwies sie dorthin, weil er sie als unmittelbare Selbstbewegungen „einer beharrlichen Substanz" nicht zu deuten wußte.

Durch diese dogmatische Fessel verbaute er sich selbst sein in so großartigem Style angelegtes Reformwerk, das er nur durch ein richtiges und unbefangenes Verständniß des Unmittelbaren hätte vollenden können. Anstatt die hier verborgenen Schätze zu heben, schuf er sich durch jene dogmatische Fessel eine Menge künstlicher Schwierigkeiten und Widersprüche, mit deren Lösung er sich dann vergeblich abgemüht hat.

Einer der auffälligsten und verhängnißvollsten dieser selbstgeschaffenen Widersprüche war der, welchen er zwischen der Freiheit und dem Causalgesetz statuiren zu müssen glaubte, weil er in dieser Beziehung wenigstens die Freiheit mit dem liberum arbitrium indifferentiae verwechselte. Er suchte diesen angeblichen Widerspruch dann in sehr eigenthümlicher Weise dadurch zu lösen, daß er die Geltung des Causalgesetzes auf das Gebiet der Erscheinungswelt beschränkte, den Proceß des freien Wollens aber in die Nacht das Ding an sich verlegte. Er statuirte im Ich einen empirischen und einen intelligiblen Character. Der erstere sollte der Erscheinung, der zweite dem Ding an sich angehören. „Dieselbe Handlung, die einerseits" (als Aeußerung des empirischen Characters) „bloße Naturwirkung ist", soll „doch anderseits" (sc. als Aeußerung des intelligiblen Characters) „als Wirkung aus Freiheit" angesehen werden (Kritik der reinen Vernunft. Ed. Kirchmann S. 442). Er giebt sich die erdenklichste Mühe, diese unhaltbare Unterscheidung sich selbst und seinen Lesern plausibel zu machen. Dieser Vermittelungsversuch widerstreitet jedoch ebensosehr dem Causalgesetze als dem wahren Wesen der Freiheit und enthält weiter nichts als ein offenes Bekenntniß der Verkehrtheit der beiden Gesichtspunkte, welche dadurch vermittelt werden sollen.

Es widerstreitet dem Causalgesetze und zugleich aller Logik, daß ein und dieselbe Handlung motivirt und doch wieder nicht motivirt sein soll, daß dieselbe als Handlung eines „Ding an sich", welches als außerhalb alles gesetzlichen Zusammenhanges mit den Dingen der Erscheinungswelt stehend gedacht wird, doch Wirkungen in dieser hervorbringen soll. Wenn das Causalgesetz für die Dinge an sich einmal nicht gelten soll, so können diese auch nicht als Ursachen von Veränderungen in der Erscheinungswelt betrachtet werden, der Wille der Dinge an sich könnte dann weder motivirt noch wirksam sein, da er nicht wirken und die Folgen seines Wollens nicht vorausberechnen könnte. Es erhellt gerade aus diesem Vermittelungsversuche mit großer Evidenz, daß jede der widerstreitenden Behauptungen, für sich betrachtet, falsch und unhaltbar sei. Falsch der Begriff einer Freiheit ursachloser Selbstbestimmung, unhaltbar die Scheidung von Erscheinung und Ding an sich in dem angegebenen Sinne, widerspruchsvoll in sich selbst der Begriff des letzteren.

Doch die eigentliche wahre Ansicht Kants liegt außerhalb und über diesen selbstgeschaffenen Schwierigkeiten und enthält einen bedeutsamen Kern, welcher in der Intention wenigstens das Richtige trifft, wenn auch die freie Ausgestaltung dieses Richtigen wiederum durch Vorurtheile verschiedener Art und verschiedenen Ursprungs beeinträchtigt wird.

„Die Freiheit im practischen Verstande" nennt er „die Unabhängigkeit der Willkür von der Nöthigung durch Antriebe der Sinnlichkeit." „Die menschliche Willkür ist", so sagt er weiter, „zwar ein arbitrium sensitivum, aber nicht brutum, sondern liberum, weil Sinnlichkeit ihre Handlung nicht nothwendig macht, sondern dem Menschen ein Vermögen beiwohnt, sich unabhängig von der Nöthigung durch sinnliche Antriebe von selbst zu bestimmen." (Kritik der reinen Vernunft S. 436.) Unter dieser „Freiheit im practischen Verstande" wollte er jedenfalls nicht die grundlose Selbstbestimmung verstanden wissen, deren Verwechselung mit dem Freiheitsbegriff ihn in all jene Widersprüche hineinverwickelt hatte, welche er durch die Scheidung des empirischen und intelligiblen Characters vergeblich zu lösen suchte. Er verstand darunter vielmehr ein Vermögen der Spontaneïtät im Menschen, die Fähigkeit, sich nach Motiven, die seiner eigenen Natur angehören, selbst zum Wollen zu bestimmen, eine Freiheit der Wahl zwischen mehreren, sich im Bewußtsein gleichzeitig darbietenden Motiven. Er nannte den Willen in diesem practischen Verstande dann frei, wenn er nur durch dasjenige bestimmt werde, was der wahren Natur des Menschen entspricht. Dies ist offenbar die wahre Meinung Kants, wenn er die practische Freiheit als „Unabhängigkeit des Willens von jedem anderen, außer allein dem moralischen Gesetze" definirt (Kritik der reinen Vernunft S. 113), wenn er nur einen solchen Willen „sittlich" nennt, „welcher blos durchs moralische Gesetz bestimmt wird" (III. Hauptstück der practischen Vernunft S. 86). Der Wille soll daher nach Kants wahrer Meinung nicht absolut frei, sondern durch die Natur des wahren Menschwesens bestimmt sein, wenn er practisch frei sein soll, denn das moralische Gesetz galt Kant als der concentrirteste Ausdruck des wahren Menschwesens.

Dies ist der bedeutsame Kern der wahren Ansicht Kant's über die menschliche Freiheit: Practisch frei soll nur derjenige Wille sein, welcher durch sittliche Motive bestimmt wird, weil wir selbst autonome sittliche Wesen sind und unser wahres Wesen inhaltlich und formell durch das bestimmt wird, was wir sollen. Der Mangel, der dieser Ansicht Kant's noch anhaftet, beruht lediglich in der mangelhaften Formulirung seines Moralprincips; fast kann man sagen, nur in der mangelhaften Bezeichnung dessen, was er als das Soll in uns begriff. Denn Kant fühlte auch hier das Richtige, wenn er „Achtung fürs moralische Gesetz" als „einzige und zugleich unbezweifelte moralische Triebfeder" bezeichnete. **Dieses durch die Anerkennung des unbedingten Werthes der sittlichen Gebote allein bedingte und bestimmte Gefühl** bildet den **wahren** lebensfähigen und leuchtenden Kern der ganzen Ansicht. Dieses in seinem lebendigen Schooße alle von mir im I. Abschnitt entwickelten Aufschlüsse über das Leben und die Welt in sich tragende Gefühl ergriff selbst in der einseitigen und strengen Form, in welcher es bei Kant hervortritt, die Gemüther seiner Zeitgenossen mit solcher Tiefe und Gewalt, daß es in den Seelen unserer jugendlichen Freiheitskämpfer, daß es in dem großen Geiste Schiller's und aller ihm verwandter Dichter und Schriftsteller zu heller Begeisterung aufflammte, und die unsterblichen Producte unserer classischen Dichtungsperiode schaffen half, an welchen sich der ideale Kern unseres besseren Ich noch immer entzündet und erwärmt.

Diesem inhaltlichen Kerne der Ansicht entspricht zwar nicht der hart und conventionell behandelte Faltenwurf des formalen theoretischen Gewandes, in welches Kant ihn fast gewaltsam hineinpreßte, aber diese rauhe Form characterisirte doch wiederum in eigenthümlicher Weise den tiefen sittlichen Ernst der Ansicht Kant's gegenüber dem platten Eudämonismus der damals alles überwuchernden rationalistischen Lebensauffassung, welcher eine Glückseligkeitslehre predigte, deren Inhalt und Gesichtskreis nicht über das Niveau des sinnlichen Wohlbehagens hinausging. **Dieser niedrigen Lebensauffassung wollte Kant entgegentreten, indem er „Achtung fürs moralische Gesetz" verlangte, welche von allem schielenden Hinblicke auf jene niedere Art von Glückseligkeit frei sein und auf eigenen Füßen stehen, durch den Eindruck ihrer eigenen inneren Majestät und Würde imponiren sollte.**

Lediglich dieses damals vollberechtigte Streben, in Verein allerdings mit einer unberechtigten, nur durch das schon gerügte

Vorurtheil der Unerkennbarkeit des eigenen Ich zu erklärenden Unterschätzung und Nichtbeachtung dessen, was wir unmittelbar im Gefühl und Willen erleben, drängte ihn zur Aufstellung eines Moralprincips, welches uns in seiner ursprünglichen Form jetzt als unzulänglich, ja fast als Caricatur erscheinen muß. Der theoretische Grundgedanke dieses Moralprincips des kategorischen Imperativ ist die völlige Scheidung von Moralität und Glückseligkeit. Hätte Kant sich nicht das Verständniß des Unmittelbaren principiell verschlossen, so hätte er durch Verdeutlichung dessen, was in dem Gefühle der Achtung fürs Sittengesetz, was im kategorischen Imperativ des Gewissens unmittelbar offenbart wird, die Ueberzeugung gewinnen müssen, daß jene Achtung nur allein im Gefühle des unbedingten Werthes dessen, was wir sollen, bestehen könne, daß jenes Gefühl der Achtung selbst eine Glückseligkeit in höchster Potenz bedeute, daß die verbindliche Kraft des Soll nur in dem Bewußtsein des unbedingten Werthes des Ziels unserer sittlichen Bestimmung bestehen könne, daß Moralität und Glückseligkeit in diesem höheren und höchsten Sinne nicht Gegensätze, sondern Correlate seien, die sich gegenseitig bedingen und daß man das Wesen der ersteren zerstört, wenn man dem Ziele der sittlichen Bestimmung jeden fühlbaren und erlebbaren Werth abspricht. Die bloße „Form einer allgemeinen Gesetzgebung“ bezeichnet etwas rein Thatsächliches, wenn man von allem Werthe dessen absieht, was dadurch erreicht werden soll, und die Herstellung eines rein thatsächlichen Zustandes ohne eigenen inneren Werth enthält keine verbindliche Kraft, ja ist ganz ungeeignet den Willen zu motiviren, als Princip der Moral jemals practische Wirksamkeit zu erlangen.

Kant hat die Unzulänglichkeit des kategorischen Imperativ in der von ihm aufgestellten Form selbst eingesehen; er hat klar und deutlich eingesehen, daß das sittliche Handeln doch endlich zu einem Zustande der Glückseligkeit führen müsse, wenn es verbindliche

Kraft haben solle. Er hat deshalb die principiell ausgeschlossene Idee der Glückseligkeit auf einem künstlichen Umwege durch die Aufstellung der Postulate der practischen Vernunft wieder damit zu vereinigen gesucht. Dieser Umweg ist der schwächste Weg, den Kant überhaupt eingeschlagen hat; er ist eigentlich nur ein Versuch, die Widersprüche, Risse und Lücken seines theoretischen Moralprincips durch Lehnsätze aus den herrschenden unzulänglichen sittlichen und religiösen Vorstellungen seiner Zeit in einer Weise practisch zu überkleistern, welche mit dem principiell vorgezeichneten Wege nicht vereinbar ist. Er versucht hier von Außen her, aus der trivialen rationalistisch-eudämonistischen Lebensauffassung seiner Zeit, künstlich in das Sittengesetz wieder hineinzuinterpretiren, was in viel höherer und edlerer Gestalt im Gefühle des Soll bereits enthalten ist, und was er zuvor durch eine theoretisch unzulängliche Formulirung seines Moralprincips aus diesem in dem Bestreben entfernt hatte, jene triviale Glückseligkeit von demselben auszuscheiden.

Trotz aller dieser Mängel und Einseitigkeiten dürfen wir aber nicht vergessen, was ich noch einmal ausdrücklich hervorhebe: Kant fühlte das Richtige richtig heraus und irrte nur in der theoretischen Formulirung dieses seines richtig herausgefühlten Princips. Er irrte, indem er mit überkommenen Vorurtheilen und Einseitigkeiten rang, die noch zu mächtig waren, um vollständig von ihm überwunden werden zu können; er irrte in dem kerngesunden und vollberechtigten Streben, vor Allem die Einseitigkeiten des rationalistischen Eudämonismus seiner Zeit zu überwinden. Er wollte dieser falschen Glückseligkeitstheorie gegenüber die Moral auf eigene Füße stellen und fand den lebendigen Boden der unmittelbaren Lebenserfahrung, auf dem die Moral allein stehen und gedeihen kann, durch ein verhängnißvolles Vorurtheil überwuchert, durch das Vorurtheil der Unerkennbarkeit des eigenen Ich. Er bezeichnete jedoch die Stelle, wo die Moral allein stehen kann und muß, mit einer überzeugungskräftigen Sicherheit und Bestimmtheit, welche von seinen Zeitgenossen und von der Nachwelt verstanden wurde und ihre segensreichen Wirkungen nach allen Seiten hin entfaltete.

Nur das Nachgraben und Ausbauen des durch das „Gefühl der Achtung fürs Sittengesetz“ bezeichneten Bodens überließ er seinen glücklicheren Nachfolgern, und es ist aufrichtig zu beklagen, daß man jetzt, wo „Zurückgehen auf Kant“ das allgemeine Feldgeschrei im Lager der Philosophen ist, und das Interesse an den Schriften Kants in ungeahnter Weise wieder lebendig wird, doch jenen großen Grundgedanken des Altmeisters meist unbeachtet läßt und sich statt dessen mit der steten Neuüberlegung seiner Irrwege begnügt, daß man ihn gar, wie Eduard v. Hartmann es that, zum Pessimisten stempeln möchte und dadurch sein ehrwürdiges Bild in den Staub zieht, um für die eigenen Irrlehren Propaganda zu machen*).

Fassen wir das Gesagte zusammen, so hat Kant zwar insofern geirrt, als er einen Widerstreit zwischen der Freiheit und dem Causalgesetz voraussetzte und diesen Widerstreit durch die Annahme eines intelligiblen und empirischen Characters im Menschen zu lösen suchte. Er hat jedoch, davon abgesehen, das Wesen der Freiheit in seiner höchsten Bedeutung an sich richtig und zutreffend als das Vermögen des Menschen bezeichnet, sich allein durch das Sittengesetz zum Wollen selbst zu bestimmen. Er hat zwar dieses Sittengesetz theoretisch unzulänglich formulirt, meinte

*) Dies geschah meines Wissens zuerst in einem Aufsatz in der Zeitschrift „Im neuen Reich“ (Jahrgang 1879 Nr. 35) sodann in „Unsere Zeit“ (Jahrgang 1880 3. Heft), welcher letztere Aufsatz dann in dem Buche „Zur Geschichte und Begründung des Pessimismus“, Berlin, Carl Duncker 1880, noch einmal abgedruckt ist. Ich verweise zur Beleuchtung dieser Versuche auf meinen Protest in den „Preußischen Jahrbüchern“ Bd. XLIV S. 602 sqq. und meine Abhandlungen Bd. XLIII Heft 4 S. 375 sqq. und XLVI S. 380 sqq. daselbst.

und fühlte aber das Richtige, indem er die „Achtung fürs moralische Gesetz“ als einzige und wahre Triebfeder des sittlichen Handelns gewürdigt wissen wollte.

Drittes Kapitel.

Einwendungen, welche auf falscher Würdigung der unmittelbaren Erlebnisse beruhen.

Die zweite Art von Einwendungen gegen das Vorhandensein der Freiheit entsteht aus einer Verkennung dessen, was wir thatsächlich in uns erleben, indem wir wollen.

Erinnern wir uns der Schwierigkeiten, welche dem gesonderten Bewußtwerden der Elementarereignisse des geistigen Lebens entgegenstanden, nachdem diese bereits vor Beginn alles philosophischen Nachdenkens unter Anleitung der practischen Bedürfnisse des Lebens sich zu einer vielgestaltigen Welt fertiger Dinge und Ereignisse entfaltet hatten, in denen die ursprünglichen Elemente ihrer Entstehung nicht mehr deutlich erkennbar sind, so kann es uns nicht wundern, daß auch die Vorstellungen über Wesen und Bedeutung der menschlichen Freiheit, welche mit zu jenen Elementarerlebnissen gehört, nur sehr langsam zu größerer Klarheit und Vollständigkeit gelangten, und fast so vielgestaltig und wechselnd sind, wie die letzten metaphysischen Voraussetzungen über das Wesen und die Natur der letzten Elemente des Wirklichen überhaupt. Jedenfalls stehen dieselben mit diesen letzteren stets im engsten Zusammenhange. Eine vollständige Prüfung der Einwendungen, welche jemals auf Grund unzulänglicher Würdigung der unmittelbar gegebenen Lebenswirklichkeit gegen Bedeutung und Vorhandensein der menschlichen Freiheit erhoben sind, würde daher nichts weniger bedeuten, als eine nach bestimmter Richtung hin unternommene Kritik der Geschichte der gesammten Philosophie.

Ein so ausführliches Unternehmen liegt außerhalb des Zwecks dieser Arbeit, welcher ein wesentlich practischer, und deshalb nur darauf gerichtet ist, diejenigen Einwendungen zu beleuchten, welche zur Zeit noch geeignet erscheinen, unsere Einsicht in das Wesen und die Bedeutung der Freiheit zü verwirren.

Die älteren Einwendungen dieser Art beruhen fast ausnahmslos darauf, daß die metaphysischen Grundbegriffe, von denen die vorkantischen Systeme ausgingen, sich nur auf die phänomenale Seite und die formalen Verhältnisse des Geschehens bezogen, nicht direct auf den lebendigen Quell unmittelbarer Lebenswirklichkeit, der die ganze unseren Vorstellungskreis erfüllende Welt der Dinge und Ereignisse erst hervorgetrieben hat. Erst durch das Reformwerk Kant's wurde das Nachdenken und die Untersuchung auf diesen lebendigen Quell unserer Vorstellungswelt gerichtet und dadurch zu einer sachgemäßen Formirung der metaphysischen Grundbegriffe die rechte Handhabe geboten. Damit trat auch die Frage nach Wesen und Bedeutung der menschlichen Freiheit in ein ganz neues Stadium, in das Stadium, in welchem wir gegenwärtig stehen und dessen Betrachtung daher für nns weit bedeutungsvoller ist als die Prüfung der vorkantischen Freiheitsbegriffe, von welcher ich mit Rücksicht auf den praktischen Zweck meiner Arbeit um so mehr absehen zu dürfen glaube, als dieselbe nothwendig ein tieferes Eingehen auf die begleitenden metaphysischen Vorstellungen erfordern, und doch in der Hauptsache nur noch von historischem Interesse sein würde.

Aber auch die nachkantische Philosophie hat sich bekanntlich sehr bald von der durch Kant eingeleiteten Richtung auf das Unmittelbare abgewendet und sich in reine Begriffsentwickelungen verirrt, welche das von Kant inaugurirte Stadium der Entwickelung des Problems der menschlichen Freiheit wiederum verlassen, und daher jetzt gleichfalls nur noch ein rein theoretisches Interesse beanspruchen können. Auf diesem Boden der reinen Begriffs-

Speculation stehen die Systeme Fichte's, Hegel's und Schelling's. Wir können dieselben von unserem practischen Gesichtspunkte aus um so unbedenklicher bei Seite liegen lassen, als der Begeisterung, mit welcher sie bei ihrem Entstehen begrüßt wurden, bald eine sehr erklärliche und vollkommen gerechtfertigte Ernüchterung folgte, so daß das Interesse für dieselben jetzt eigentlich nur noch innerhalb der philosophischen Schulen lebendig ist. Bedeutender zwar sind die Untersuchungen Herbart's, aber sie beziehen sich nicht direct auf unser Problem, und waren für sich zu abstract, um in in ihrer ursprünglichen Gestalt dauernden Boden im Interesse der gegenwärtigen Menschen gewinnen zu können. Dasjenige, was sie an bleibendem Werth enthalten, hat sein großer Schüler Lotze freier und lebenskräftiger ausgestaltet. Erst Lotze war es, wie ich im ersten Abschnitt entwickelte, vorbehalten, die durch das Reformwerk des Kriticismus eingeleitete neue, fruchtbare und lebensfähige Richtung des philosophischen Forschens glücklicher auszubeuten, als es dem Urheber dieser Richtung gelingen sollte. Erst er hat uns das wahre Verständniß des Unmittelbaren eröffnet und jenes Reformwerk zu einem gedeihlichen Abschluß gebracht*).

---

*) Die im Text hervorgehobene Bedeutung Lotze's ist inzwischen nicht blos im Inlande, sondern theilweise auch im Auslande, immer mehr anerkannt worden. Die Hauptwerke Lotze's sind folgende:

Allgemeine Physiologie des körperlichen Lebens. Leipzig 1851.

Medicinische Psychologie oder Physiologie der Seele. Leipzig 1852.

Mikrokosmus. Ideen zur Naturgeschichte und Geschichte der Menschheit. Versuch einer Anthropologie. 1. Band 4. Aufl. 1884. 2. Band 4. Aufl. 1885. 3. Band 3. Aufl. 1880.

Streitschriften 1. Heft (in Bezug auf J. H. Fichte's Anthropologie) 1857.

System der Philosophie. Erster Theil: Drei Bücher der Logik. 2. Aufl. 1880.

— Zweiter Theil: Drei Bücher der Metaphysik. 2. Aufl. 1884.

Die von Professor Rehnisch in Göttingen nach Lotze's Tode herausgegebenen Dictate aus den Vorlesungen:

1. Grundzüge der Psychologie. 3. Aufl. 1884.

Erst durch Lotze wurde daher jenes neue durch Kant inaugurirte Stadium der Entwickelung des Problems der menschlichen Freiheit nach allen Richtungen hin beleuchtet und befestigt, erst durch ihn haben wir das volle Verständniß dessen erlangt, was Freiheit ist und bedeutet.

Neben ihm, doch ihm nicht ebenbürtig, erfreuen sich jetzt fast nur die Lehren Schopenhauer's und Eduard v. Hartmann's einer größeren Popularität und Verbreitung. Die Einwendungen dieser beiden absonderlichen Philosophen sollen daher ausführlicher und eingehender beleuchtet werden.

---

2. Grundzüge der practischen Philosophie. 2. Aufl. 1884.
3. Grundzüge der Religionsphilosophie. 2. Aufl. 1884.
4. Geschichte der deutschen Philosophie seit Kant. 1882. (Neue Auflage im Druck.)
5. Grundzüge der Naturphilosophie. 1882.
6. Grundzüge der Logik und Encyklopädie der Philosophie. 2. Aufl. 1885.
7. Grundzüge der Metaphysik. 1883.
8. Grundzüge der Aesthetik. 1884.

Das letztere Heft enthält im Anhange den trefflichen, zuerst in der Nationalzeitung publicirten Nekrolog Lotze's von Prof. E. Rehnisch, welcher den äußeren und inneren Entwickelungsgang Lotze's mit sachkundiger Hand schildert, und außerdem ein sorgfältiges Verzeichniß sämmtlicher literarischer Publicationen Lotze's von demselben. Eine Sammlung der kleineren Schriften wird voraussichtlich noch im Laufe dieses Jahres im Verlage von S. Hirzel erscheinen.

Eine russische Uebersetzung des Mikrokosmus (von E. Korsch) ist bereits früher, eine englische wird im Laufe dieses Jahres erscheinen. Eine von Herrn A. Duval in Montpellier sehr sorgfältig angefertigte, von Lotze selbst eingehend revidirte französische Uebersetzung desselben Werkes wird hoffentlich auch bald der Oeffentlichkeit übergeben werden. Der zuletzt genannte Herr hat sich bereits sehr verdient gemacht durch eine treffliche, gleichfalls von Lotze selbst genau revidirte französische Uebersetzung der Metaphysik (Métaphysique par H. Lotze. Paris. Firmin-Didot. 1883). Beide Theile des Systems und ein Theil der Dictate sind in die englische Sprache übersetzt. Von den Dictaten ist auch eine ungarische und eine dänische Uebersetzung in Aussicht.

Viertes Kapitel.

Die Einwendungen des Materialismus.

Bevor ich jedoch dazu übergehe, muß ich noch einer Reihe anderer Einwendungen gegen das Vorhandensein und die Bedeutung der Freiheit erwähnen, welche nicht auf dem Boden strenger philosophischer Forschung, sondern auf Grund empirischer, durch die neuere Naturforschung dem allgemeinen Interesse nahe gerückter Thatsachen und auf Grund gewisser einseitiger Doctrinen erhoben sind, welche durch jene Thatsachen ins Leben gerufen wurden. Es sind das insbesondere die Einwendungen des Materialismus, welcher das geistige Leben unserer Nation leider immer noch in sehr bedenklicher Weise beeinflußt.

Der Aufschwung, welchen die Naturwissenschaften in den letzten Jahrzehnten genommen haben, steht in seiner Weise ganz einzig da. Unsere Kenntniß der Natur ist dadurch nach allen Richtungen hin so bedeutend erweitert, die Herrschaft des Menschen über dieselbe ist durch diese erweiterte Einsicht in so staunenswerthem Maße gewachsen, alle Zweige der Technik und Industrie sind dadurch so sehr gefördert und entwickelt, daß unser ganzes Leben in allen durch diese Fortschritte berührten Beziehungen sich ganz neu gestaltet hat. Nichts liegt näher, als daß man von den Naturwissenschaften auch Aufklärungen über die wichtigsten Fragen des geistigen Lebens erwartete, und in der That haben diese Erwartungen sich nach vielen Richtungen hin als vollberechtigt erwiesen.

Der allgemeine Causalzusammenhang des Geschehens, bis dahin nur eine Forderung der Vernunft, welcher der Augenschein des Lebens vielfach zu widersprechen schien, erhielt durch die fortschreitende Kenntniß der Naturgesetze eine ungeahnte erfreuliche practische Bestätigung. Dies geschah insbesondere durch die Einsicht, daß auch alle Processe des organischen Lebens durch Kraftwirkungen derselben Art und derselben Stoffe, wenn auch in complicirterer Form und Gruppirung, erklärt werden konnten, welche das unorganische Geschehen bedingen, daß auch jene Processe nach constanten Gesetzen verlaufen, welche sich in den Complex der allgemeinen Naturgesetze systematisch eingliedern lassen. Es fielen damit die dem allgemeinen Causalzusammenhange widerstreitenden Hypothesen einer in ihren Wirkungen unberechenbaren Lebenskraft, es fiel der Glaube an Wunderwirkungen und Zauberei aller Art, welcher in der Weltansicht früherer Zeiten eine so große und verderbliche Rolle spielte. Eine lichte kühle Klarheit verbreitete sich damit über alle der menschlichen Wahrnehmung und dem menschlichen Nachdenken überhaupt erreichbaren Gebiete. Es verbreitete sich diese Klarheit nicht blos in den Köpfen der Philosophen, sondern auch in der Auffassung der Masse des großen Publicums, sie breitete sich zu einer hellen Atmosphäre aus, die ein gemeinsames Medium des Verständnisses für alle wurde, in der alle lebten und athmeten; es wurde ein Bedürfniß aller, die hergebrachten Vorstellungen über Gott und Welt mit dieser dem allgemeinen Bewußtsein nahe gerückten Thatsache in Einklang zu bringen. Die Wichtigkeit dieses Umstandes kann nicht hoch genug veranschlagt werden. Die allgemeine Anerkennung einer durchgängigen Gesetzmäßigkeit in den Zusammenhängen alles Geschehens bildet einen characteristischen Grundzug der gesammten modernen Bildung, der die eigenthümlichen Vorzüge und Mängel derselben in Vergleich mit denjenigen der früheren Zeiten wesentlich mit bedingt. Die Anerkennung solcher Gesetzmäßigkeit schuf für alle Provinzen des Lebens ein gemeinsames Recht, eine feste Ordnung; sie läuterte die althergebrachten Vorstellungen und Begriffe, in denen das menschliche Nachdenken die Hauptinhalte seines Gesichtskreises zusammenzufassen gewohnt war, von dem abenteuerlichen und phantastischen Beiwerk, welches ihnen die Naivetät und der Unverstand früherer Zeitalter angeheftet hatten; sie brachte eine unabweisbare Anforderung der Vernunft an all diesen Inhalten zur Geltung und gab jenen Begriffen und allen Richtungen des menschlichen Nachdenkens einen festen inneren Halt, einen Character strenger Ordnung und Wissenschaftlichkeit. Es steigerte sich dadurch überhaupt das Ansehen der Wissenschaft im Allgemeinen; deren Bedeutung für die höchsten Inhalte des Lebens, für die Entwickelung der sittlichen und religiösen Vorstellungen kam immer mehr zur Geltung; immer mehr dringt die Ueberzeugung durch, daß auch jene höchsten Inhalte des Lebens nur auf der unabänderlich consequenten Grundlage einer allgemeinen Gesetzlichkeit, welche das Unberechenbare und Zufällige ausschließt, eine sichere Garantie ihres Bestandes gewinnen können.

Doch nicht blos das. Auch die thatsächliche Erweiterung unseres erfahrungsmäßigen Wissens klärte nach allen Richtungen hin und erweiterte den Horizont für die geistige Umschau, sie hob unsere ganze geistige Existenz um einige Stufen höher, daß wir nun die nächsten Umgebungen freier überschauen können. Es bedürfte einer lang ausgesponnenen Schilderung, wollte ich auch nur die wichtigsten Momente jener Erweiterung unseres Wissens andeutungsweise berühren. Ich verzichte darauf, weil die Thatsachen für sich selbst sprechen und überdies jedermann hinreichend bekannt sind. Es bleibt zwar immer nur ein beschränkter Ausschnitt des Ganzen der Weltwirklichkeit, welcher unserer Wahrnehmung in beschränkter Weise erreichbar ist, aber fast nach allen Seiten hin finden wir in den Verhältnissen dieses beschränkten Ausschnitts die Linien vorgezeichnet, in denen unser Nachdenken die Fortsetzung des Wahrgenommenen zu ergänzen hat.

Erwägen wir ferner, daß der systematische Zusammenschluß dieser Fortsetzungslinien des empirisch Wahrgenommenen immer nur durch die Offenbarungen der Vernunft über Sinn und Bedeutung des ganzen Weltprocesses bewirkt werden kann, so hat auch nach dieser Richtung hin die Naturforschung durch Verdeutlichung des gesetzlichen Zusammenhanges der leiblichen und geistigen Functionen des Lebens das Verständniß der gegenseitigen Verhältnisse dieser beiden Wissensgebiete nicht unerheblich geklärt und dadurch das Ziel des philosophischen Erkennens wesentlich gefördert.

Der Naturwissenschaft endlich verdanken wir den neuen Geist und die neuen Methoden der Untersuchung, welche jetzt alle übrigen Wissenschaften beleben und auch der Philosophie erst die rechte practische Handhabe bieten. „Es sind die vielfältigen Verfahrungsweisen der Induction, die Kunstgriffe des Experiments, der fruchtbare Scharfsinn der Wahrscheinlichkeitsrechnung, welche diesen Schatz einer erfinderischen und werkthätigen Erkenntnißkunst ausbildeten, welche der energische prometheische Geist der neuen Zeit der nicht minder bewundernswerthen Schöpfung der antiken Logik hinzugefügt hat*).“

Alles dieses sind höchst bedeutsame, durch den Fortschritt der neueren Naturforschung angeregte Momente des Wissens und Forschens, welche zur Aufklärung der wichtigsten Lebensfragen erheblich mitgewirkt haben. Aber das Bild hat auch eine Kehrseite, welche weniger anerkannt, aber dem schärfer blickenden Auge nicht minder offenbar ist und auf das moderne Leben, insbesondere auf die Würdigung und das Verständniß jener höchsten Lebensinhalte ihre schweren Schatten geworfen hat.

Man pflegt, wenn von dieser Kehrseite die Rede ist, in erster Linie den Umstand hervorzuheben, daß das Gesammtinteresse und das Interesse der Einzelnen sich jetzt vorwiegend und fast ausschließlich auf die durch die neu eröffneten Sphären des Erkennens und Wirkens erschlossenen und unmittelbar geförderten Gebiete

---

*) Lotze, Mikrokosmus. Bd. III S. 227.

concentriren, daß Naturwissenschaft, Industrie und Technik fast alle Kräfte absorbiren und dadurch die Aufmerksamkeit und die Begeisterung für die wahren höheren Ziele und Ideale des Lebens unterdrückt und gelähmt würden. Wäre letzteres der Fall, so wäre es allerdings zu beklagen, aber ich glaube nicht, daß dieser Vorwurf im Ganzen gerecht ist. Blicken wir auf die geschichtliche Entwickelung des Menschengeschlechts zurück, so treffen wir oft auf Zeiten, in denen einzelne Interessen, sei es religiöser, sei es politischer, sei es künstlerischer, sei es merkantiler oder industrieller Art, ganze Nationen, ja die ganze Menschheit vorwiegend in Bewegung setzten und die Hauptarbeit und das Hauptnachdenken auf sich concentrirten. Dies Vorwiegen eines besonderen Lebensinteresse bedeutet an sich noch keine Einseitigkeit, und wenn wir genauer zusehen, so werden wir finden, daß jene durch ein besonderes hervorragendes Specialinteresse characterisirten Perioden meist geistig regsamer und für das Ziel der gesammten Culturentwickelung fruchtbarer waren als Zeiten, wo solches nicht der Fall war. Ich erinnere beispielsweise in Betreff der Rechtsentwickelung und in Betreff der Entwickelung des politischen Lebens an die Blüthezeit der Römischen Republik, in Betreff der religiösen Entwickelung an die Zeiten Kaiser Constantins, in Betreff der Kunstentwickelung an die Zeit der Renaissance in Italien. Diese Wahrnehmungen im Gesammtleben der Völker entsprechen auch ganz analogen Erscheinungen des individuellen Lebens, welche jeder an sich selbst beobachten kann. Die lebhafte Erweckung eines Specialinteresse pflegt die Lebenskraft und Lebensfrische überhaupt zu stärken und dadurch alle übrigen Lebensinteressen indirect zu fördern, ohne dieselben zurückzudrängen und zu überwuchern. Ganz ähnlich haben gewisse Interessen, welche ganze Völkerschaften zu fesseln vermochten, auch die Regsamkeit des Lebens überhaupt gesteigert und die geistige Thätigkeit nach allen Richtungen hin gefördert. Dasselbe sollte man billigerweise von den das Hauptinteresse jetzt auf sich concentrirenden Erfolgen der neueren Naturforschung erwarten.

In der That ist es gar nicht das gesteigerte Interesse an diesen Erfolgen, was die jetzt allerdings vielfach beobachtete Vernachlässigung der wahren Ziele und Ideale des Lebens bewirkt hat, es ist vielmehr ganz allein der Mißbrauch, den man mit jenen Erfolgen getrieben hat, die einseitige Behandlung, welche man ihnen angedeihen ließ. Nicht die durch die Vervollkommnnng der Mittel zum Leben gesteigerte äußere Behaglichkeit des Daseins an sich, sondern nur die Ueberschätzung dieses äußerlichen, sinnlichen Wohlbehagens verdunkelte jene höheren Ziele. Nicht die Erweiterung der Naturkenntniß an sich und die vervollkommnete Einsicht in die Geltung des allgemeinen Causalzusammenhanges an sich verwirrte die Weltansicht und schädigte dadurch das Verständniß jener wahren Ziele des Lebens; man verdarb sich dieses Verständniß allein dadurch, daß man den Mechanismus, der nur als Mittel zu den inhaltvollen Zielen des Lebens Sinn und Berechtigung hat, als Selbstzweck hinstellte und alle inhaltvolle Regsamkeit des Lebendigen blos als einen leeren Schein betrachtete, der durch das rein mechanische Geschehen auf unbegreifliche Weise hervorgetrieben sei. Jene Ueberschätzung der materiellen Güter des Lebens in Verein mit diesen theoretischen Einseitigkeiten verdarb nicht nur, was wir der Naturforschung Gutes und Nützliches verdanken, sondern richtete sich geradezu zerstörend gegen alle gesunde Auffassung des Wirklichen, gegen die Grundlagen aller Moral, aller Religion, alles Rechts und aller staatlichen Ordnung.

Ihren concentrirtesten Ausdruck finden jene Irrlehren in der Weltansicht des modernen Materialismus.

Die Vorstellungsweise, welcher die Grundgedanken des Materialismus entstammen, ist naheliegend und alt, es ist die kritiklose Auffassuug des gewöhnlichen Lebens, nach welcher die Bilder, in welche wir die sinnlichen Empfindungen zusammenfassen, unmittelbar als selbständige Dinge betrachtet werden, als die letzten soliden Bausteine aller Weltwirklichkeit. Richtet man seinen Blick stets nur auf diese Dinge, welche unser Leben wie ein festes Bette zusammenzuhalten scheinen, und läßt das Leben selbst, welches in Wahrheit die Vorstellungen jener Dinge erst hervorbringt, ganz unbeachtet, so kommt man leicht auf den Einfall, daß die ganze Welt aus einfachen Theilen der uns so plastisch entgegentretenden Dinge zusammengesetzt sei, daß alles Geschehen in der Welt sich auf Bewegungen einfacher Corpuskeln derselben Art und Beschaffenheit wie die wahrgenommenen Dinge zurückführen lasse. In diesem Einfalle concentrirte sich von jeher die Hefe der Trivialität eines von allen höheren Gesichtspunkten abstrahirenden Nachdenkens. Wir begegnen ihm schon in der Atomenlehre des Demokrit. Es ist derselbe Einfall, der uns jetzt in der Weltansicht des Materialismus, wenn auch in etwas veränderter Gestalt, wieder entgegentritt. Der Grundgedanke des Materialismus ist, daß die Atome, d. h. Ausgangspunkte anziehender und abstoßender Kräfte, welche die Physik zur Erklärung gewisser Kreise sinnlicher Erscheinungen hypostasirt, in der That auch als solche an sich wirklich, daß sie das einzige Wirkliche seien, aus dem alle Erscheinungen und Lebensäußerungen auch des Lebendigen erklärt werden müßten.

Daß dieser triviale Einfall, der wie gesagt nicht einmal neu war, sondern nur eine alte Vorstellung im neuen Gewande vorführte, dennoch zündend wie ein Blitz in die Geistesnacht der großen Menge einschlug und dort das Strohfeuer einer weithin scheinenden und immer noch nachglimmenden Begeisterung entflammen konnte, ist nur dadurch erklärlich, daß man hier seit lange keine edleren und gediegeneren Früchte mehr eingescheuert, daß man vielmehr seinen Gesichtskreis ausschließlich mit sinnlichen

Erscheinungen erfüllt hatte, als gäbe es nichts weiter in der Welt als diese, als bestehe die ganze Welt aus Kraftwirkung und Materie. Dazu kam der imponirende Eindruck jener allgemeinen Gesetzlichkeit, der, wenn auch unerklärlich in seiner Entstehung, doch Ordnung in die unabsehbare Vielheit der Erscheinungen brachte und dem Ganzen dieser Vorstellungsweise gewissermaßen eine Art moralischen Halts gab. Dieser Gedanke eines universellen Mechanismus bildet denn in der That auch den Schwerpunkt des modernen Materialismus, dem dieser hauptsächlich seine Erfolge verdankt. Die Werthschätzung des Mechanismus steigerte sich bis zu dem Glauben, als erschöpfe sich darin, in dem bloßen Gelten jener Gesetzlichkeit, schon die Bedeutung des gesammten Weltinhalts. „Gottheiten und Wesenheiten sollen", nach dem Ausspruche Comte's, „durch Gesetze ersetzt werden". Man verlor über der Bewunderung der Form das Verständniß für die Bedeutung der Inhalte, der unmittelbaren, lebendigen Werthe, zu deren Realisirung jene nur das Mittel sein kann. Indem man sich gleichzeitig von den idealen Gesichtspunkten, den wahren Zielen alles Lebens, abwandte, concentrirte sich das Interesse immer mehr auf dasjenige Gebiet, innerhalb dessen jene Gesetzlichkeit in klaren und bestimmten Zügen am deutlichsten und anschaulichsten offenbar wurde, auf die sinnlichen Erscheinungen, deren Verhältnisse der Beobachtung, der genauen Rechnung und Maßbestimmung unmittelbar zugänglich sind. Diese betrachtete man eben deßhalb in einseitiger Verblendung als das allein Wesenhafte und Wirkliche, aus dem man alle übrigen Lebensinhalte wie einen wesenlosen Schein ableiten zu können meinte. Die Naturwissenschaft, welche sich mit den Verhältnissen der sinnlichen Erscheinungen beschäftigte, erschien als die Wissenschaft der Wissenschaften. Ihre Lehren verehrte man wie Orakel. Die Aufklärungen, welche sie gab, erschienen wie eine höhere Art von Weisheit, wie Offenbarungen der thatsächlichen Natur der Dinge, gegen welche alle Speculation, alle Anforderungen des Gemüths machtlos seien. Von hier aus erhielt jener falsche Glaube seinen Ursprung und seine beständige Nahrung. Das Ansehen der Naturwissenschaft übertrug sich auf die neue Weltansicht, welche eine leichte und einfache Lösung des Welträthsels darzubieten schien. Die den höheren Interessen des Lebens entfremdete, wenn nicht gar wegen der größeren Pflichten, welche sie auferlegen, abgeneigte geistige Mittelmäßigkeit fühlte sich wohl in einer Weltanschauung, welche das Bestehende in seiner thatsächlichen Geltung als sicher fundirt, und behaglichen Genuß als einzig vernünftiges Ziel alles Daseins erscheinen ließ. Das allgemeine Vorurtheil, welches die sinnlichen Bilder und Vorstellungen als handgreifliche Realitäten aufzufassen gestattet, verlieh ihr einen Nimbus von Unfehlbarkeit. Alle diese Momente wirkten zusammen, dem neuen Glauben eine ungemein rasche und ausgedehnte Verbreitung zu verschaffen.

In dem rein phänomenalen Gesichtskreise dieser materialistischen Weltansicht findet selbstverständlich auch der Begriff der Freiheit keine Stelle.

Der hervorstechende Characterzug dieser neuen Weltansicht ist eben die Anerkennung der ausschließlichen Geltung des Mechanismus. Dieser ist hier nicht Mittel zum Zweck, sondern Selbstzweck, er ist nicht Form eines sich verwirklichenden Inhalts, sondern seine angeblich ausschließliche Bedeutung absorbirt die inhaltlichen Momente des Geschehens, sie erdrückt alle Eigenartigkeit und allen Eigenwerth des Lebendigen, sie löst alles Leben auf in mechanisches Geschehen und zerstört damit alle Inhalte des Lebens, welche nur im Fürsichsein, in jener Eigenartigkeit des Lebendigen existent werden können. Der Materialismus kennt keine Inhalte und keine Werthe, weil er die specifische Natur des Lebendigen verneint. Nur die Regelmäßigkeit in der Erscheinung des Lebendigen erscheint ihm beachtenswerth. Aus der Erscheinungswelt entsprungen, kennt er nichts als Verhältnisse der Erscheinungen.

Er hält die Erscheinungen für das Ursprüngliche, und sucht die lebendige Wirklichkeit dessen, was wir unmittelbar erleben, als ein beiläufiges Nebenproduct aus den Bildern der Erscheinungswelt abzuleiten. Durch diese völlige Umkehrung des wahren Sachverhalts verschließt sich der Materialismus den Offenbarungen dessen, was jenem lebendigen Quell unmittelbarer Lebenswirklichkeit entströmt. Zu diesen lebendigen Offenbarungen des Wirklichen gehört, wie wir gesehen haben, vor allem der freie Wille. Im Wollen gerade äußert sich jene Eigenartigkeit des Lebendigen, welche der Materialismus verkennt, weil das ursprünglich Wirkliche außerhalb seines Gesichtskreises liegt, weil er nur mit Begriffen operirt, die aus den Verhältnissen der Erscheinungswelt abstrahirt sind. Nicht etwa wegen eines angeblichen Widerstreits zwischen Causalität und Freiheit leugnet der Materialismus das Vorhandensein der letzteren; er leugnet sie vielmehr deßhalb, weil sie für ihn überhaupt nicht existirt, weil sie ganz über dem Niveau seines Gesichtskreises liegt.

Ebenso unbegreiflich wie das freie Wollen ist dem Materialismus auch das Gefühl der sittlichen Verantwortlichkeit, das Gewissen nebst all den constituirenden Grundgedanken und Voraussetzungen, welche in und mit diesem gegeben, die sittliche und religiöse Weltansicht bestimmen, in der wir leben. Dies mag seine Lobredner nicht beunruhigen. Der Materialismus ist eben der Ausdruck einer ethischen Bedürfnißlosigkeit, welche die jüngste Vergangenheit und leider zum Theil auch noch die Gegenwart characterisirt. Für diese ethische Bedürfnißlosigkeit sprach der Materialismus nur das lösende Wort, das mit einem Schlage die Perspective in eine neue Weltansicht eröffnete, in welcher die Trivialität des Lebens der geistigen Mittelmäßigkeit unserer Tage als normale und wohlberechtigte Gemüthsverfassung anscheinend so sicher und unwiderleglich fundirt erschien, weil in ihr alle höheren Mächte beseitigt sind, welche dem Leben des Edlen Weihe und Inhalt geben und ihn zu rastloser That begeistern, während sie den Schlaffen und Trägen nur beunruhigen und quälen. Eben deßhalb birgt aber die Weltansicht des Materialismus eine ernste Gefahr für die gesunde Geistesentwickelung der Menschheit in sich. Wir dürfen diese Gefahr nicht unterschätzen; sie droht im Verein mit dem gesteigerten materiellen Wohlleben der neuen Zeit trotz aller Erweiterung der Verstandeseinsicht zu einer Verflachung alles geistigen Lebens zu führen, deren öde Langweiligkeit in den pessimistischen Systemen modernster Gattung mit dreister Zuversicht bereits als einzig berechtigte und normale Stimmung des Gemüths gepriesen wird. Der Materialismus ist ein Krebsschaden der neuen Zeit, der zwar nicht wegen der Gewichtigkeit seiner Gründe, wohl aber wegen seiner großen Verbreitung als einer der gefährlichsten Feinde der menschlichen Freiheit und der auf der Anerkennung dieser beruhenden sittlichen und religiösen Weltansicht betrachtet werden muß.

Seine Widerlegung liegt mir daher mit Rücksicht auf den Zweck dieser für ein größeres gebildetes Publikum bestimmten Arbeit ganz besonders am Herzen. Die Einwendungen, welche von hier aus gegen die menschliche Freiheit erhoben werden, lassen sich auch nicht separat behandeln. Es ist ein Vernichtungskampf zweier Weltansichten, welcher hier zur Entscheidung gebracht werden muß, und welcher nur mit dem völligen Siege oder der völligen Niederlage der einen von beiden enden kann, denn beide schließen sich gegenseittg aus *).

---

*) Das Wesentliche der nachfolgenden Erörterungen findet sich zwar bereits in meinem früheren Aufsatze „Die Lehre Spinoza's und der Materialismus" (Fichte'sche Zeitschrift für Philosophie und philosophische Kritik. Band 74 S. 1—30, 209—238) abgedruckt. Das dort Gesagte schien mir jedoch an dieser Stelle unentbehrlich und habe ich dasselbe hier um so unbedenklicher wiederholt, als ich nicht voraussetzen darf, daß jener in einer gelehrten Zeitschrift erschienene Aufsatz in den Kreisen, für welche diese Arbeit bestimmt ist, größere Verbreitung gefunden hat.

Ich stelle den entscheidenden Gesichtspunkt voran. Die Grundbegriffe des Materialismus, die Begriffe der Materie und der Kraft sind nicht Bezeichnungen von etwas, dessen Wirklichkeit wir unmittelbar erleben könnten. Sie sind nicht **Wesenheitsbegriffe**, sondern **Abstractionen**, deren Geltungsbereich sich nicht über das Gebiet der sinnlichen Erscheinungen hinauserstreckt, von denen sie abstrahirt sind.

Die Materie ist keine Realität, deren Vorhandensein uns durch unmittelbare Erfahrung zum Bewußtsein kommen könnte. Man bildet ihren Begriff, indem man die dem Bewußtsein zunächst sich aufdringenden Bilder der gemeinen sinnlichen Erfahrung mit einander vergleicht und die ihnen allen gemeinsamen allgemeinen characteristischen Züge der Materialität zu einer Gesammtvorstellung vereinigt, die an innerer Klarheit und Schärfe der Bestimmung recht viel zu wünschen übrig läßt. Den Ursprung des Begriffs der Materie haben wir daher in einer Eigenschaft zu suchen, deren ursprüngliches Subject die vielen sinnlichen Bilder sind, von deren Gesammtheit jene abstrahirt wurde. Nur durch einen logischen Gewaltstreich gelingt es der schöpferischen Phantasie, aus jener Eigenschaft das neue Subject, aus der Vorstellung der Materialität den Begriff der Materie zu gewinnen. Man abstrahirt einfach von dem ursprünglichen Subjecte jener Eigenschaft und macht diese selbst, die Eigenschaft der Materialität zum Wesen, indem man sie „objectivirt". Es beruht jedoch auf eitler Selbsttäuschung, wenn man wähnt, die rein qualitative und adjectivische Natur des Begriffs der Materie werde durch solche rein logische Operation verändert und versubstantialisirt, es könne dadurch an Stelle des ursprünglichen Subjectes, d. h. an Stelle der unbestimmten Summe sinnlicher Bilder, eine neue selbständige Realität geschaffen werden. In der That wird an die Stelle jenes ursprünglichen Subjects nur ein ganz unbestimmtes Es als Träger der Eigenschaft der Materialität substituirt, dessen

Natur doch durch weiter Nichts bestimmt sein soll, als eben durch jene Eigenschaft. Dieses Es von dem Character der Materialität hat natürlich seine Heimath und den einzigen Ort seiner Existenz nur im Denken, welches die Abstraction vorgenommen hat, und es bleibt erst zu beweisen, wie es möglich und denkbar sei, daß jenem Es eine andere selbständige Art von Existenz beigelegt werden könne, eine Realität außerhalb des Geistes, der es vorgestellt; ein Beweis, der wie wir gleich sehen werden, gar nicht zu führen ist. Die Materialisten überspringen diesen Abgrund, ohne zu bedenken, daß sie dadurch in ein Fabelland gerathen, und verhandeln fortan mit Schattenbildern, die sie wie Trunkene für Wirklichkeiten nehmen. Sie vergessen, daß jene logische Operation der Objectivirung des Begriffs der Materialität nur als Abkürzung des Denkens und mit dem stillschweigenden Vorbehalt vollzogen werden durfte, daß zu der objectivirten Eigenschaft der Materialität stets ein Träger hinzuzudenken sei, der seiner specifischen Natur nach die ihm beigelegte Eigenschaft auch zu tragen vermöge; sie füllen die stillschweigend vorbehaltene Stelle des Trägers ohne Bedenken durch die Eigenschaft der Materialität selbst aus und glauben, eine neue Realität entdeckt zu haben, die gleichwerthig und ebenbürtig in der Reihe der übrigen Realitäten mitzufungiren vermöge. Die Plumpheit dieser Täuschung wird jedoch durch ein allgemeines Vorurtheil verhüllt, welches tief in der menschlichen Natur begründet ist. Wie man nämlich im täglichen Leben die Bilder der Dinge gemeinhin für das Wirkliche hält, aus dessen Summe die Welt sich aufbaue, so hat auch die ganz geläufige Gewohnheit, Eigenschaften und Abstractionen substantivisch zu gebrauchen, zu dem weiteren Schritte verleitet, auch diese in einer vorgestellten Wirklichkeit als Realitäten zu behandeln wie die wirklichen Dinge, von denen sie abstrahirt sind. Dem Vorurtheile, welches diesem Verfahren zum Grunde liegt, ist auch der Materialismus anheimgefallen, indem er die Abstraction der Materialität als Materie objectivirte und als ein selbständiges Ding für sich behandelte. Diese Argumentation bleibt im Wesentlichen bestehen, wenn wir an die Stelle des vulgären Begriffs der Materie die bestimmter formulirte Vorstellung des **Atoms** einsetzen. Auch von der Wirklichkeit der Atome erfahren wir gar nichts durch unmittelbare Wahrnehmung. Das Interesse der Physik führt zu der Annahme gewisser einfacher, innerhalb bestimmter Grenzen gleichartiger Bestandtheile, aus denen man die Erscheinungen der Körper zu erklären versucht. Diesen vorausgesetzten letzten Bestandtheilen legte man den phänomenalen Gesammtcharacter derjenigen Bestimmungen bei, die den Begriff des Atoms ausmachen: die unsichtbare Kleinheit, die unwandelbare Dauer, die unveränderliche Beständigkeit ihrer Eigenschaften, und es scheint in der That, daß man durch diese geschickte Hypothese, welche sich innerhalb des Gebietes, für welches sie aufgestellt wurde, trefflich bewährt hat, einen universellen Character der ganzen Erscheinungswelt glücklich herausgefunden habe. Wir dürfen aber nicht vergessen, daß das eigentliche Subject, der Träger des qualitativen Gesammtcharacters der Atomität, auch hier ein x ist, dessen **Wesen** man nur zum Zwecke des Gebrauchs, welchen man damit zur Erklärung der Erscheinungswelt zu machen beabsichtigt, mit der **Eigenschaft** der Atomität identificirte. Der ganze Proceß vollzieht sich innerhalb der Sphäre der Subjectivität. Subjective Erscheinungen sollen erklärt werden und subjective Annahmen werden zu diesem Zwecke gemacht; erweisen sich dieselben auch noch so brauchbar uud zutreffend, so bleiben sie darum doch subjective Annahmen, deren Geltungsbereich nicht über die subjective Erscheinungssphäre hinausreicht. Die Atome sind darum noch nicht als selbständige Wesenheiten legitimirt, weil ihre Annahme uns bewundernswerthe Aufschlüsse über die gegenseitigen Verhältnisse unserer sinnlichen Erscheinungsbilder geliefert hat. Sie sind und bleiben Hilfsbegriffe nicht substantieller, sondern rein modaler

7*

Natur*), die ihre Wirklichkeit und den Ort ihrer Existenz nur in dem Geiste haben, der so glücklich war, sie zu erfinden oder nachzudenken. Setzen wir sie als reale Dinge außerhalb des erkennenden Subjects, so lassen wir uns durch dasselbe Vorurtheil leiten, welches uns mitunter bestimmt, Begriffen wie Licht und Finsterniß eine selbständige objective Realität beizulegen. Der täuschende Schein, der den philosophisch ungeschulten Geist mißleitet, seine sinnlichen Vorstellungsbilder unmittelbar als reale selbständige Dinge zu betrachten, erstreckt sich hier zurück auf die subjectiven Annahmen, welche das Zustandekommen und die gesetzlichen Beziehungen jener Bilder aufklären sollen und verhüllt den wahren Sachverhalt um so täuschender, je geläufiger uns die Vorstellung der Atome geworden ist und mit um so größerem Erfolge wir geschäftsmäßig mit ihnen in unserer Vorstellung zu operiren gewohnt sind.

Erfahrungsmäßig kommt daher den Atomen nur ein modales und relatives Sein zu, sie existiren erfahrungsmäßig nur als Qualität in einem Seienden. Es bleibt zu untersuchen, ob die Speculation berechtigt sei, ihnen außer dieser erfahrungsmäßigen modalen Existenz auch in der That, wie der Materialismus unbedenklich thut, eine Wirklichkeit an sich und außerhalb des denkenden Geistes beizulegen. Daß dieses undenkbar sei, daß die Atome jedenfalls in der Weise, wie der Materialismus sie als wirklich voraussetzt, als bloße Ausgangspunkte anziehender und abstoßender Kräfte, nicht für sich wirklich, daß sie jedenfalls nicht das einzige Wirkliche sein können, lehrt eine einfache Ueberlegung.

Die Erörterung der Genesis des Atombegriffs hat uns soeben belehrt, daß dieser nur in einem lebendigen Wesen entstehen könne, welches fähig ist, sinnliche Eindrücke zu erleiden, dieselben mit

*) Fechner, Atomenlehre S. 72, 107 und 112. Helmholtz, Die Erhaltung der Kraft. Berlin 1847 S. 2, 3 und 4.

einander zu Vorstellungen zu verknüpfen, diese zu vergleichen und von einander zu unterscheiden und das abstrahirte Gemeinsame zu selbständigen Begriffen zu formen. Alle diese Handlungen können doch die Atome nicht selbst vornehmen! Macht der Materialismus Ernst mit seinen Voraussetzungen, gäbe es wirklich nur Atome und Kräfte in der Welt, so könnten diese weder zu einem Begriffe ihrer selbst, noch zu irgend einem anderen Begriffe, geschweige denn zu einer so abgeschmackten Doctrin, wie der Materialismus ist, gelangen. Soviel ist ohne Weiteres klar: Die Voraussetzungen seiner eigenen Entstehung kommen dem Materialismus gar nicht zum Bewußtsein und finden in seinem Grundprincip keinen Ausdruck; in dieses ist nichts von dem übergegangen, was seine eigene Existenz bedingt.

Sehen wir jedoch hiervon ab und nehmen wir einmal an, es gäbe wirklich außerhalb des denkenden Bewußtseins solche Atome, wie wir sie uns vorstellen; nehmen wir ferner an, es sei keine Inconsequenz, daß dieselben über sich selbst speculirten und überlegen wir, ob es möglich sei, sie als Princip der Welterklärung gelten zu lassen, so werden wir alsbald gewahr, daß der Begriff des Atoms aus sich selbst doch niemals über sich selbst hinauskommen könne. In der blos qualitativen Natur der Atome giebt es weder Ansatzpunkte irgend einer innerlichen Differenzirung, von denen aus das Atom aus eigenem Antriebe sich entfalten könnte, noch auch Angriffspunkte für eine von Außen kommende Störung; es fehlt mithin an jedem Princip irgend einer denkbaren Veränderung. Das Atom ist und bleibt ein gedachtes, kein wirkliches Ding, und seine Natur wird dadurch factisch nicht verändert, daß der Materialismus es unbefugterweise als ein wirkliches und für sich seiendes Wesen betrachtet; sie bleibt darum doch nach wie vor die eines gedachten Dinges, das für sich und als solches kein selbständiges Princip des Lebens und der Wirklichkeit in sich trägt.

Um ein solches zu gewinnen, greift der Materialismus zu einer neuen Annahme, zu dem Begriffe der **Kraft**, der aus dem Wesen des Atoms an sich nicht abgeleitet werden kann und deßhalb auch nur äußerlich damit verknüpft ist. Der Begriff der Kraft umfaßt nur den ganz allgemeinen und deßhalb unbestimmten Eindruck des Wirkens überhaupt, den wir aus der Beobachtung der lebendigen Vorgänge in uns abstrahiren. Solche Allgemeinbegriffe haben, wie ich vorhin schon bemerkte, ihre Heimath nur im Denken; sie gelten nur im Denken und drücken an sich nichts Wirkliches aus. Der Begriff der Kraft kann daher nicht in seiner Allgemeinheit objectivirt, sondern nur in besonderer Richtung specialisirt werden, indem wir die Unbestimmtheit des Subjectbegriffs, an dem er in seiner Allgemeinheit haftete, mit einem bestimmten Subjecte aus der Kategorie derjenigen Dinge vertauschen, von denen er abstrahirt ist. Das Atom gehört nun aber gar nicht mit in den Kreis der innerlich erlebten Vorgänge, aus deren Beobachtung der Begriff der Kraft geschöpft ist, da die hypothetische Natur desselben mit diesen inneren Erlebnissen gar nichts gemein hat. Folgeweise läßt sich auch der Begriff der Kraft nicht in der Weise des Materialismus mit dem Atom verbinden. Hier, bei der näheren Bestimmung des zweiten Grundbegriffes der Kraft und in der Art wie derselbe mit dem ersten Grundbegriffe des Atoms und den sonstigen Vorstellungen des Raums, der Zeit und der Naturgesetze, welche der Materialismus zur Vervollständignng seines Gedankenkreises herbeizieht, in Zusammenhang gebracht wird, tritt die empiristische Gedankenlosigkeit dieser Lehre klar zu Tage. Die Wirksamkeit der Kraft soll sich darin erschöpfen, daß sie **Ortsveränderungen** der Atome herbeiführt — auch die chemischen Einwirkungen dringen ja nicht in das Innere derselben, sie bewirken nur Structurveränderungen der Moleküle, d. h. Verschiebungen der diese constituirenden Atome. — Diese haben und erfahren an sich selbst nichts von solchen Ortsveränderungen, sie bleiben ein todtes unveränderliches Substrat. Das wahre Sachverhältniß wird hier grade umgekehrt. Veränderungen, welche nur in den mit einander in Wechselwirkung tretenden Subjecten sich ereignen könnten, werden in die Beziehungen zwischen den Subjecten verlegt. Die Beziehungen zwischen den Dingen werden verlebendigt, die Dinge selbst zu leblosen Anheftungspunkten der Kräfte gemacht, welche zwischen ihnen spielen und die Ortsveränderungen bewirken sollen.

Ganz unvereinbare und einzeln für sich genommen widerspruchsvolle und unklare Annahmen sind hier zu einer unhaltbaren Theorie vereinigt:

1. Unklar und widerspruchsvoll ist der Begriff des Atoms als eines Trägers anziehender und abstoßender Kräfte. Dies erhellt bereits aus dem soeben Gesagten. In einem Wesen ohne jede Innerlichkeit kann auch kein Antrieb entstehen, ein anderes Wesen derselben Art anzuziehen oder abzustoßen. Denken wir uns einen Raum, in dem solche Atome vertheilt wären, so könnten dieselben nur dann auf einander wirken, wenn sie von ihrer gegenseitigen Existenz irgend etwas wüßten oder irgend welche Empfindung hätten, und nur der Wechsel solcher Empfindungen z. B. die mit der Annäherung oder Entfernung wachsende gegenseitige Zu- oder Abneigung, könnte als Grund solches Wirkens gedacht worden. Nur ein lebendiges Wesen von innerlich erregbarer Natur kann als Ausgangspunkt von Wirkungen gedacht werden, nur in einem solchen können denkbarer Weise Störungen verursacht werden, die dasselbe zu lebendigen Reactionen veranlassen könnten. Solche innerliche wahre Natur der Atome entzieht sich selbstverständlich unserer Beobachtung und die Physik durfte dieselbe bei Aufstellung ihrer Hypothese deßhalb auch unbeachtet lassen, da es ihr nur darauf ankam, die beobachteten Erscheinungen auf ein gemeinsames Princip von phänomenaler Geltung, auf eine Formel zu bringen, welche die Uebersichtlichkeit

des ganzen Erscheinungskreises erleichtern sollte. Dies hat sie durch die Atomtheorie in sehr glücklicher Weise erreicht. Aber diese Theorie läßt das an sich seiende wahre Wesen der Atome völlig unbestimmt. Sie läßt unerklärt, wie es möglich sei, daß Wesen existiren, welche sich nach bestimmten Gesetzen anziehen und abstoßen. In diesem unfertigen Zustande benutzt der Materialismus jene Hypothese der Physik als Princip seiner Welterklärung, und die Unfertigkeit der Hypothese ist der eigentliche wahre Grund der Leerheit dieser neuen materialistischen Weltanschauung. Der Grundgedanke des Materialismus wiederholt nur die Atomtheorie der Physik mit dem Zusatze, daß die Stelle **leer** sei, welche jene Theorie blos **unbestimmt** ließ, weil sie einer Erfüllung derselben mit bestimmtem Inhalte für ihre Zwecke nicht brauchte. Dieser characteristische Zusatz enthält das wahre Princip des Materialismus, er enthält die Erklärung, daß der metaphysische Grundbegriff des Wirklichen leer bleiben müsse, und daß die Hilfsbegriffe, welche die Physik zur Erklärung der Erscheinungen des Wirklichen aufgestellt hat, daß die Hilfsbegriffe des Atoms und der Kraft deßhalb in der That an sich schon das wahre Wesen des Wirklichen enthalten sollen. Der Materialismus ist nur eine Theorie der Erscheinungen des Wirklichen in der Vorstellungswelt, nicht eine Metaphysik des Wirklichen selbst. Darin liegt der innere Widerspruch dieser Lehre, daß sie den Anspruch erhebt, Metaphysik sein zu wollen, während sie nur ein Schattenbild der Physik ist. Dadurch macht sie den Begriff des Atoms zu einem in sich selbst widerspruchsvollen Begriffe, daß sie die wahre innere Natur desselben, welche die Physik bei der Bildung jenes Begriffs nur unbestimmt ließ, ausdrücklich für leer und inhaltlos erklärt.

2. Unklar und widerspruchsvoll ist auch der Begriff der Kraft, insofern diese als an einem leblosen Atome haftend gedacht wird. Auch Kraft ist ein physikalischer Hilfs-

begriff, der wie schon erwähnt der Beobachtung des Lebendigen in uns entlehnt ist. Es ist ein Hilfsbegriff, der zur Erklärung von Erscheinungen aufgestellt wurde und daher an sich selbst phänomenaler Natur ist. Wollen wir den Ursprung dessen, was sich in der Erscheinung als Kraftwirkung darstellt, aus der Natur der wirkenden Elemente metaphysisch erklären, so können wir denselben nur als innerliche Erregung, als Zustandsänderung lebendiger Wesen begreifen. Wie nur das Lebendige wirklich ist, wie Realität nur in lebendigem Fürsichsein bestehen kann, so können auch die Wirkungen der lebendigen Wesen die Sphäre deren Fürsichseins nicht überschreiten, sie können nicht zwischen den Wesen, sondern stets nur in ihnen, als erlebte Zustandsänderungen wirklich sein. Wie leblose Atome für sich nicht wirklich sein können, so können sie auch nicht auf einander wirken, sie können noch weniger durch Kräfte verbunden sein, oder durch Kräfte von einander entfernt oder einander genähert werden, welche zwischen ihnen auf irgend welche Weise vorhanden gedacht werden. Kräfte können ebensowenig für sich wirklich sein, als Eigenschaften getrennt von ihren Subjecten. Wir können sie wie diese höchstens im Denken gesondert vorstellen, aber sie können nicht außerhalb der Vorstellung zwischen den Dingen für sich wirklich sein. Eine unklare Verwechselung der Operationen des Denkens mit all den als wirklich gedachten Vorgängen liegt all diesen gedankenlosen Vorstellungen des Materialismus zu Grunde. Es verhält sich hier mit der Kraft nicht anders wie mit dem Atom. Innerhalb des phänomenalen Gesichtskreises der Physik hatten jene Vorstellungen eine relative Berechtigung, metaphysisch gedacht sind sie unhaltbar und widersprechend. Fassen wir die Kraft als ein Rudiment des Geistes, von dessen lebendiger Wirklichkeit ihr Begriff abstrahirt ist, so hat der Materialismus den alten Dualismus von Geist und Körper nicht dadurch zu überwinden vermocht, daß er beide Glieder dieses Gegensatzes bis zur Unkenntlichkeit verstümmelte und in einen ein=

zigen Ungedanken zusammenzuziehen suchte. Der Materialismus ist nicht Monismus, sondern ein System der Gedankenlosigkeit, welches sich als unfähig erwiesen hat, auch nur die Glieder jenes Gegensatzes für sich allein richtig aufzufassen. Er setzt an die Stelle der wirksamen Elemente, welche die Erscheinung des Körpers hervorbringen, den todten Stoff, an die Stelle des Geistes dessen verflachtes Afterbild, die blind wirkende Kraft.

3. Unklar und widerspruchsvoll ist ferner der Gedanke einer Wechselwirkung zwischen Atomen, insofern sie als selbständige Wesen gedacht werden.

Suchen wir selbst einmal die Widersprüche in der Formulirung der Grundbegriffe des Materialismus, in der Feststellung der Begriffe des Atoms und der Kraft dadurch zu vermeiden, daß wir die ersteren als lebendige wirkens- und leidensfähige Wesen betrachten, so treffen wir doch bei dem Versuche, die Wechselwirkung derselben zu erklären, auf eine neue Schranke des Materialismus, auf einen neuen Grundfehler dieser Lehre, welcher darin besteht, daß die Atome als selbständige Wesen gedacht werden. Wie ist es möglich, daß solche Wesen auf einander wirken können? Unklar und nur bildlich zu nehmen ist die ganze Kette von Vorstellungen, durch die man sich solchen Vorgang des Wechselwirkens anschaulich zu machen sucht. Unklar und falsch die Vorstellung, daß die Wirkung — als sei sie von dem Atome, das sie ausüben soll, als wirklich auch nur getrennt zu denken! — sich loslöse aus dem mütterlichen Boden des Atoms; unklar und falsch die Vorstellung, daß eine solche frei schwebende Wirkung sich selbst die Richtung bestimmen und das Atom auffinden könne, in welchem sie ankern und wirken soll, unklar, wie sie am Orte ihrer Bestimmung landen und sich dort als das, was sie sein soll, als Wirkung oder Zustandsänderung des anderen Atoms etabliren soll.

Alle diese von den Materialisten unbedenklich acceptirten Unklarheiten und Verkehrtheiten haben früher die occasionalistischen

Theorieen hervorgerufen. Licht kommt, wie ich schon früher erwähnte, in diesen Vorstellungskreis nur dadurch, daß man den Gedanken einer Vielheit selbständig für sich seiender Atome fallen läßt und statt dessen einen einzigen lebendigen Wesensgrund als die allumfassende Wirklichkeit der Welt anerkennt, dessen Zustandsänderungen in jedem seiner Daseinsmomente, d. i. den einzelnen fürsichseienden Wesen nach deren specifischer Natur und Stellung als besondere Wirkung erlebt oder nicht erlebt werden, je nachdem sie dort die Schwelle des Bewußtseins zu überschreiten oder nicht zu überschreiten vermögen. So führt auch das Bedürfniß der Erklärung der Wechselwirkung über den Materialismus hinaus zu der Idee eines einheitlichen lebendigen Wesensgrundes aller Dinge, und der Materialismus erweist sich auch nach dieser Richtung hin als ganz unzulänglich zur Erklärung der elementarsten Vorgänge der Wirklichkeit.

4. Unklar und widerspruchsvoll ist auch die hier stillschweigend mitgedachte Vorstellung eines selbständig für sich gedachten Raums, eines gemeinsamen realen Hintergrundes, an dem die Atome haften, oder eines allgemeinen Schauplatzes, auf dem sich das Spiel ihrer Wechselwirkungen vollziehen könnte. Es würde zu weit führen, wenn ich diesen Satz hier durch eine erschöpfende Behandlung der Frage nach der Natur und der Art der Existenz des Raums begründen wollte. Ich verweise daher auf die lichtvolle Darstellung Lotze's (Mikrokosmus. Band III S. 483 sqq.). Schon die sorgsame Erwägung des bisher Gesagten wird jedoch das Resultat dieser Untersuchung auch hier als gerechtfertigt erscheinen lassen. Der Raum kann nur im Innern lebendiger Wesen als Form der Auffassung an sich unräumlicher intensiver gegenseitiger Beziehungen jener als Vorstellung wirklich sein, nicht aber ein Ding für sich, oder eine für sich seiende Form oder gar als ein für sich seiendes Verhältniß betrachtet werden. Auch das Vorhandensein der Raum-

anschauung erfordert als nothwendigen Erklärungsgrund die Existenz lebendiger Wesen und bleibt innerhalb des materialistischen Gesichtskreises ein unaufgelöstes Räthsel.

5. Aehnliches gilt von der Zeit, die hier gleichfalls stillschweigend als eine für sich seiende Realität vorausgesetzt wird, während sie nur in der Vorstellung lebendiger Wesen als eine durch die realen Momente des lebendigen Seins bestimmte Form der Auffassung Bestand und Wirklichkeit haben kann.

6. Völlig unklar endlich, widerspruchsvoll in sich selbst und unvereinbar mit den übrigen Grundbegriffen des Atoms und der Kraft, des Raums und der Zeit als selbständiger Realitäten ist die weitere Annahme des Materialismus, daß ein Kreis ausnahmslos geltender Gesetze das Spiel der Atomwirkungen beherrschen solle.

Gesetze können keine selbständige Existenz haben und gleichsam über den Ereignissen, die sie beherrschen sollen, in der Luft schweben. Denken wir uns aber selbst, es seien solche imaginäre Gesetze an irgend welchem imaginären Orte wirklich vorhanden, so könnten sie doch weder auf die Atome noch auf das Wirken der Kräfte irgend welchen denkbaren Einfluß ausüben. Die Atome als todte Punkte sind überhaupt gar keinen Einwirkungen zugänglich. Die Kräfte könnten vielleicht, wenn wir unserer Phantasie einmal noch weiteren Raum geben wollen, durch andere Kräfte, nicht aber durch Gesetze in ihrer Wirkungsweise gehemmt oder gefördert werden. Nur bildlich kann man davon reden, daß Gesetze einen Kreis des Geschehens beherrschen sollen. Gesetze können nur gelten, aber nicht herrschen, und sie können nur da gelten, wo es lebendige Wesen giebt, die ihnen entweder freiwillig oder unter dem Zwange einer inneren Wesensbestimmtheit gehorchen. Nur in der Vorstellung lebendiger Wesen oder als innere Wesensbestimmtheit deren Natur können Gesetze bestehen oder gelten, und auch dieses nur, wenn es zugleich entweder in den betreffenden Wesen selbst oder im Innern irgend eines dritten Beobachters ihrer Wirkungsweise einen Maßstab der inneren Ordnung giebt, an welchem gemessen der Wechsel der Ereignisse als gesetzlich oder ungesetzlich, als nothwendig oder zufällig erkannt werden könnte. Denn gesetzlich nennen wir solchen Wechsel nur dann, wenn nicht nur das eine der Ereignisse durch ein anderes begründet, sondern wenn außerdem auch die ganze Reihe der motivirten Ereignisse uns in Gestalt eines solchen nothwendigen Zusammenhanges erscheint, der für sich irgend einen vernünftigen Sinn hat, und in der Bedeutung dieses Sinnes den inneren Grund seiner Nothwendigkeit in sich trägt. Wie es daher zwischen einer Vielheit zusammenhangloser Atome keine Wechselwirkung geben kann, so kann auch kein gesetzlicher Zusammenhang der in ihnen sich vollziehenden Ereignißreihen stattfinden. Zwischen den Ereignißreihen in den einzelnen Wesen kann vielmehr nur dann ein vollständiger gesetzlicher Zusammenhang obwalten, wenn die Realität aller in dem Fürsichsein eines einheitlichen substantiellen lebendigen Wesensgrundes besteht. Nur durch diese Voraussetzung gewinnt der Gedanke allgemeiner Gesetzlichkeit eine verständliche Basis, indem dieselbe nur als innere Consequenz der Naturbestimmtheit eines solchen Wesens begreiflich erscheint; und zwar eines Wesens, dem nicht nur die numerische Einheit der Substanz, sondern die höhere Einheitsform der Persönlichkeit eignet. Nur wenn alle Momente des Geschehens in der Einheit eines sie alle in sich hegenden Bewußtseins auf einander bezogen werden, können sie im Sinne jener inneren Consequenz als verbunden gelten, nur unter dieser Voraussetzung kann Ordnung und gesetzlicher Zusammenhang zwischen ihnen obwalten. Ordnung und innere Consequenz können auch nur dadurch erst Sinn und Bedeutung erhalten, daß sie durch die Richtung auf einen Zweck bestimmt sind, der ein inhaltvolles Gut darbietet. Fassen wir diese Momente zusammen und erinnern uns, daß nur der Begriff absoluter Persönlichkeit jener Form vollkommener Einheitlichkeit aller Wesensmomente und ausnahmsloser Zweckbestimmtheit aller Genüge leistet, so steigert sich der Gedanke des einen lebendigen Urwesens zu dem abschließenden Begriffe eines allumfassenden persönlichen Gottes, dessen innerlich gehegte Theile die endlichen Wesen sind, und wir kommen zu dem Schlusse, daß ein allgemeiner gesetzlicher Zusammenhang alles Geschehens nur als innere Wesensbestimmtheit eines einheitlichen lebendigen Gottes denkbar ist, welcher den realen Wesensgrund aller Weltwirklichkeit bildet. Wir sehen ferner, daß die Einheitlichkeit des gesetzlichen Zusammenhanges auch hier nur durch die Einheitlichkeit des letzten Ziels alles Geschehens, und daß die Nothwendigkeit jenes Zusammenhanges durch den unbedingten Werth jenes Ziels begründet werden könne. Die Principien des Materialismus erweisen sich daher als vollkommen unzureichend, die große Thatsache des allgemeinen Causalzusammenhanges zu erklären. Der Mechanismus kann nicht auf eigenen Füßen stehen, er kann nicht Selbstzweck sein, oder aus sich selbst erklärt und durch sich selbst gerechtfertigt werden; er ist nur denkbar und begreiflich als nothwendiges Glied einer teleologischen Weltansicht, als Mittel zum Zweck der Realisirung eines unbedingt werthvollen Guts.

Die große Thatsache des allgemeinen Mechanismus richtig zu verstehen und zu würdigen, ist ein Hauptproblem der neueren Philosophie, und man kann den Werth der verschiedenen Weltansichten nach dem Maße bestimmen, in welchem ihnen die Lösung jenes Problems gelingt. Legen wir diesen Maßstab an, so zeigt sich die Armseligkeit des Materialismus in vollem Umfange. Die Vertreter des Materialismus treten zwar mit der Prätention auf, daß der Mechanismus nur auf Grund ihrer Principien bestehen könne, ja sie identificiren den Materialismus mit dem Mechanismus. In der That aber bleibt dieser von ihrem Standpunkte aus eine ganz unverständliche Thatsache. Nur Reminiscenzen an Gesichtspunkte, die innerhalb seiner eigenen Principien keinen Boden mehr finden, konnten den Materialismus überhaupt erst in die Lage bringen, den Rhythmus des Geschehens zu erkennen und dessen einzelne Momente nach einem erborgten Maßstabe auf die zusammenschließende Formel eines Kreises von Naturgesetzen zu bringen, der nicht einen motivirten und innerlich consequenten, nicht einen nothwendigen und vernünftigen, sondern immer nur einen rein factischen Thatbestand bezeichnet, der sich seinem Werthe nach nicht vom Zufall unterscheidet, innerhalb dessen ein blindes Geschehen sinnlos verläuft. Sehen wir von jenen Reminiscenzen ab, die mehr oder weniger in jedem vorhanden sind, der auch nur die humanistische Bildung eines Unterquartaners mit auf die Lebensreise genommen hat, so gleicht die Bewunderung, welche der consequente Materialist jener Thatsache des universellen Mechanismus zollt, etwa dem Eindrucke, den der Rhythmus einer rauschenden Musik in der Seele des afrikanischen Wilden zu erwecken pflegt, den sie ganz in den Taumel einer unverstandenen Melodie hineinzaubert. Jene Bewunderung ist in der That weiter nichts als ein maßloses Staunen, welches das Verständniß aller eigentlichen Inhalte erdrückt, anstatt zu tieferer Einsicht und Begründung anzuregen.

Nicht höhere Interessen irgeud welcher Art, nicht ein vorurtheilsfreier Ueberblick über die Gesammtheit des Vorhandenen, sondern allein die handwerksmäßige Beschränkung einzelner Naturforscher bestimmt den Grundcharacter der neuen Weltanschauung des Materialismus in allen wesentlichen Punkten. Die Folgen dieser Einseitigkeit habe ich nach allen Richtungen hin zur Genüge dargelegt. Alle seine Grundbegriffe sind falsch und widerspruchsvoll in sich selbst; sie alle stehen zusammenhanglos und unvermittelt neben einander. Der Materialismus ist nicht ein Monismus*)

*) Haeckel, Anthropologie S. 12. 67. 706. Schöpfungsgeschichte S. 19. 32. 34. 651.

und bedeutet nicht, wie seine neuesten Vertreter mit großem Pomp ankündigen, eine Reformation auf dem Gebiete der Philosophie; er ist vielmehr ein gedankenloser Pluralismus, der nichts als eine durch falsche Erweiterung einer physikalischen Hypothese entstandene Verirrung bedeutet und des Aufhebens nicht werth ist, das man davon macht.

Wie derselbe nicht zureichte, den universellen Mechanismus zu erklären, so erscheinen auch die Thatsachen der unmittelbaren Lebenserfahrung von seinem falschen theoretischen Standpunkte aus völlig unbegreiflich. Unklar und unbegreiflich ist, wie aus anziehenden und abstoßenden Kräften lebloser Atome auch nur die allereinfachsten sinnlichen Empfindungen, Gefühle und Strebungen entstehen können. Die zusammenwirkenden Kräfte des Gehirns könnten sich doch nach bekannten mechanischen Principien stets nur zu gemeinsamen Resultanten verbinden, die sich ihrer Qualität nach von den Einzelkräften, aus denen sie zusammengesetzt sind, nicht im Mindesten unterscheiden würden. Denken wir uns die Atomkräfte des Gehirns auch in noch so complicirten Bewegungssystemen zusammenwirkend, das Gesammtresultat würde stets nur in einer Summe bestimmter Ortsveränderungen aller einzelnen Atome des Gehirns bestehen können. Von dem Reichthum der Bedingungen zur Erzeugung dieses Endresultats würde dieses keine Spur mehr in sich tragen; es würde sich seiner Qualität nach von keiner anderen Art der Ortsveränderung unterscheiden. Es ist gar nicht abzusehen, wie man von diesen Voraussetzungen aus jemals zu den Elementarereignissen des geistigen Lebens gelangen könne. Man hilft sich hier mit dem, was man den Gegnern nicht eifrig genug vorwerfen kann, mit gedankenlosen Bildern und Vergleichen. Bald behandelt man die Empfindungen und Gedanken wie Stoffe und Secretionen, die das Gehirn absondern soll wie die Nieren den Urin, bald läßt man die Gedanken aus dem Gehirn entstehen, „wie die Aeolsharfe ertönt, wenn der

Wind sie durchstreicht" u. s. w. Diese absurden Phantasieen bedürfen zwar keiner Widerlegung, aber sie kennzeichnen doch die Leichtfertigkeit, mit welcher man sich hier über unauflösbare Schwierigkeiten hinwegzutäuschen suchte. Noch unbegreiflicher ist es, wie durch anziehende und abstoßende Atomkräfte eine Vergleichung und Unterscheidung der einfachen Empfindungen, eine Verbindung derselben zu Vorstellungen und dieser zu Gedanken, wie endlich durch dieselben eine Einheit des Bewußtseins hergestellt werden könne, welche die Voraussetzung aller dieser Operationen ist. Nehmen wir selbst an, daß die einfachen Empfindungen, Gefühle und Strebungen auf die angegebene Weise entstehen könnten, so verläßt uns doch hier bei der Betrachtung der complicirteren Vorgänge des geistigen Lebens jede Analogie mit den mechanischen Principien, nach denen die Kraftwirkungen der Atome verlaufen. Während die Kräfte sich gegenseitig aufheben und zu einer gemeinsamen Resultante verschmelzen, werden bei der Vergleichung und Unterscheidung verschiedener Empfindungsinhalte diese als solche unversehrt nach ihrer specifischen Beschaffenheit in der Erinnerung festgehalten, und das vergleichende Subject wird sich, indem es von dem Einen zum Anderen übergeht, während des Ueberganges des qualitativen und quantitativen Unterschiedes oder der Gleichheit beider Inhalte bewußt. Solche Acte der Vergleichung und Unterscheidung sind nur vollziehbar, wenn das Subject, welches sie ausüben soll, nicht nur ein und dasselbe Individuum ist, sondern auch die verglichenen Eindrücke in ein und demselben Bewußtsein zu vereinigen vermag; sie könnten nicht stattfinden, wenn es ein Complex von Individuen wäre. Man kann sich solche Einheit des Bewußtseins nicht an mehrere Atome vertheilt denken, dieselbe erfordert ebenso wie die Erklärung der höheren Vorgänge des Denkens und Lebens überhaupt die strenge Einheit eines untheilbaren Subjectes.

Fassen wir das Gesagte zusammen, so wird uns die Unhaltbarkeit und Verkehrtheit des Materialismus nach allen Richtungen hin offenbar, und damit stellen sich alle Einwendungen, welche vom materialistischen Standpunkte aus gegen Vorhandensein und Bedeutung der Freiheit erhoben zu werden pflegen, als nichtig und unbegründet dar.

Fünftes Kapitel.

Der Freiheitsbegriff bei Schopenhauer und Eduard von Hartmann.

Die Entstehung und Verbreitung des Materialismus wurden wesentlich durch zwei characteristische Eigenthümlichkeiten des modernen Lebens bedingt, nämlich einerseits die Abwendung von den wahren idealen Lebensinteressen und andererseits das Bestreben, alle Weltwirklichkeit auf ein einfaches leichtverständliches und doch umfassendes Princip zurückzuführen und dadurch alles Geschehen der strengen wissenschaftlichen Forschung zu unterwerfen. Dieselben Eigenthümlichkeiten bestimmen auch den Grundcharacter der Schopenhauer'schen und Hartmann'schen Philosophie und bilden den wahren Grund der gegenwärtigen Popularität dieser beiden Systeme. Beide Systeme wurden dadurch in ganz ähnliche Widersprüche und Irrthümer verstrickt wie rer Materialismus, wenngleich ihre Principien und Ergebnisse von den correspondirenden Aufstellungen des Materialismus dem Namen, der Form und Begründung nach abweichen. Beide verschlossen sich hartnäckig und consequent wie der Materialismus den inhaltlichen Offenbarungen, welche die unmittelbaren Elementarereignisse des geistigen Lebens darbieten und substituirten diesen Inhalten leere Allgemeinbegriffe von blos adjectivischer Natur und rein formeller Bedeutung.

Jene beiden Eigenthümlichkeiten: die Abwendung von den Idealen und das Bestreben, alles Wirkliche auf ein möglichst einfaches wissenschaftliches Princip zu reduciren, gehen in gewisser Beziehung Hand in Hand mit einander. Die reiche Vielgestaltigkeit der idealen Inhalte des Lebens widerstreitet der Zurückführung auf das Einfache und deßhalb Inhaltleere, sie erschwert wegen der fast unabsehbaren specifischen Verschiedenheit jener Inhalte die Uebersichtlichkeit und leichte Orientirung. Je gleichartiger, einfacher und inhaltärmer sich das Rohmaterial des Wissens darstellt, um so leichter ist es, ein gemeinsames Princip dafür zu finden, um so leichter stellt sich die Lösung des Welträthsels. Die einfachste und bequemste Art, innere Gliederung in den Entwickelungsstoff zu bringen, besteht darin, daß man schlechtweg als zusammengehörig betrachtet, was gleiche oder ähnliche Eigenschaften hat, und daß man die so aufgefundenen Gleichheiten oder Verschiedenheiten zur Richtschnur und zum Princip der Eintheilung macht. Dieses Verfahren führt dann leicht noch weiter zu dem Irrthume, daß man jene die Uebersichtlichkeit des Erkenntnißstoffes erleichternden gemeinsamen Eigenschaften des Wirklichen zugleich als die Hauptsache und den bedeutsamsten Inhalt des letzteren anzusehen sich gewöhnt. Wir finden daher in der Geschichte der Philosophie von jeher das zwiefache Bestreben wirksam, einerseits die specifischen Verschiedenheiten des der Wahrnehmung sich darbietenden Materials zu nivelliren, und andererseits in demjenigen, was allem Wirklichen gemeinsam ist, zugleich dessen wesenhaften Kern, Grund und Ursprung, das Princip der Welterklärung zu suchen, um daraus rückläufig dann die specifischen Verschiedenheiten der concreten Dinge abzuleiten. Dieses Bestreben wird durch das in anderer Beziehung sehr nützliche Verfahren der Logik, Allgemeinbegriffe blos durch Hervorhebung dessen zu bilden, was verschiedenen Einzelobjecten gemeinsam zukommt, wesentlich unterstützt, und beruht auf der Voraussetzung, daß das Gemeinsame in den Dingen, welches wir zum Zwecke unserer subjectiven Orientirung ausscheiden, eben deßhalb, weil es uns die Uebersichtlichkeit erleichtert, auch an sich den bedeutungsvollsten Kern des Wirklichen repräsentiren müsse.

Diese Voraussetzung ist jedoch, wie jedermann einsieht, grundfalsch, und jenes Verfahren der Logik, so nützlich es sonst sein mag, unanwendbar auf die metaphysische Untersuchung, welche nicht das Allgemeine, sondern dasjenige zu bestimmen sucht, was vermöge seiner inneren Bedeutung als das wahre Wesen, als Quell und Ursprung des Wirklichen betrachtet werden muß. Jenes Verfahren beruht ganz auf der geistlosen Subsumption unter ein Merkmal und führt zuletzt zu dem obersten alles umfassenden Begriffe des Denkbaren, bei dessen Bildung von allem Inhalt und aller Eigenthümlichkeit des Gedachten gänzlich abgesehen ist. Je allgemeiner die auf solche Art gebildeten Begriffe sind, desto leerer und inhaltärmer werden sie, und der zuletzt angeführte ist der leerste und inhaltärmste von allen; er kann unmöglich als der adäquate Ausdruck des wahren Wesens, als Quell und Ursprung des Wirklichen gelten. Quell und Ursprung des Wirklichen kann überhaupt kein Begriff, sondern nur selbst ein Wirkliches sein, und dieses Wirkliche können wir nicht durch bloße Abstraction des Gemeinsamen aus den gemachten Wahrnehmungen finden, sondern nur dadurch, daß wir aus dem specifischen Inhalte aller Wahrnehmungen und dem Gesammteindrucke des Ganzen den Sinn und die Bedeutung des Wirklichen zu deuten suchen und nach dem Ergebnisse dieser Untersuchung überlegen, welche inhaltliche und formale Natur wir jenem wesenhaften Grunde des Wirklichen beizulegen genöthigt sind.

Der Weg zu diesem wahren und höchsten Ziele der Wissenschaft führt daher nicht zu einer Nivellirung und Wegdeutelei der specifischen Inhalte und Unterschiede, sondern gebietet die sorgsamste Beachtung der concreten inhaltlichen Momente der unmittelbaren Lebenserfahrung. Vor den Anforderungen dieses höchsten

Zieles verschwindet jener Widerstreit zwischen der Vielgestaltigkeit des Idealen und dem Bestreben nach Einheitlichkeit und Uebersicht der Erkenntniß. Der Gesichtskreis dieses wahren und höchsten Zieles der Wissenschaft, die Begeisteruug, welche es erweckt, steigert und erweitert sich mit der Vielgestaltigkeit der Inhalte, mit dem erhöhten Verständnisse des Werthes und der idealen Bedeutung dieser Inhalte. Der wahre Idealismus und die wahre Wissenschaft widerstreiten einander nicht, sondern gehen Hand in Hand mit einander, sie wirken zu demselben großen Ziele zusammen und fördern sich gegenseitig. Der normale gesunde Strom alles Lebens läuft in der Richtung nach diesem Ziele und führt zu einer immer höheren Würdigung des Bestehenden. Je tiefer die Forschung in dieser Richtung in das Wesen des Wirklichen eindringt, um so inhaltreicher und bedeutungsvoller erscheint ihr das Ganze.

Jene falsche Geistesrichtung dagegen, welche das Princip der Welterklärung durch Vereinfachung und Entleerung der Inhalte des Lebens möglichst einfach und durchsichtig gestalten möchte, verleitet eben dadurch zu einer ganz einseitigen und verkehrten Auffassung dessen, was die unmittelbare Lebenserfahrung darbietet, sie verschließt sich dem Verständniß der Inhalte und richtet ihre Aufmerksamkeit hauptsächlich auf die Form, in welcher jene sich verwirklichen, weil diese mehr oder weniger allen gemeinsam ist. Dem Zuge dieser einseitigen und falschen Geistesrichtung folgt das durch die Fortschritte der Naturforschung dem Centrum seiner bisherigen Vorstellungsweise zeitweilig entrückte, durch raffinirte sinnliche Genüsse vielfach überreizte und allem Idealen entfremdete moderne Leben, welches eben deßhalb zu einer immer erschreckenderen Verflachung und Verödung, zu einer immer bedenklicheren Verkennung aller Werthe des Lebens und endlich zum reinen Nihilismus zu führen droht.

Schopenhauer und E. v. Hartmann sind die Heroen dieser

falschen Geistesrichtung, sie sind die eifrigsten Vorkämpfer des Nihilismus*) in der Gegenwart.

Ich beginne mit der Betrachtung der Schopenhauerschen Philosophie.

Diese ist, wie ihr Urheber mit einer dankenswerthen Offenheit in der Vorrede seines Hauptwerks selbst anerkennt, eigentlich nur die Ausgestaltung eines einzigen Grundgedankens, des Gedankens, daß der Wille das Wesen des „Dinges an sich", der Quell und Ursprung alles Wirklichen sei. Aus diesem Grundgedanken folgen in der That alle besonderen Bestimmungen und Evolutionen dieser absonderlichen Philosophie, er ist der Lebenspunkt derselben, der Herzschlag, welcher bis in die feinsten Adern des Schopenhauerschen Systems hineinpulsirt und dessen Leben gestaltet und bedingt, der einzige Faden, an dem das ganze Princip dieser Welterklärung hängt. Durchschneidet man diesen durch Nachweis der Falschheit des Grundgedankens, so stürzt der ganze Bau in sich zusammen. Wir wollen daher zunächst diesen Grundgedanken prüfen und müssen uns vor allem klar machen, was Schopenhauer unter „Wille" versteht.

Unter Wille im gemeinen Wortsinn versteht man die Fähigkeit eines Subjectes, etwas Bestimmtes zu wollen. Diese Fähigkeit kann daher nur wirklich sein als Eigenschaft eines Subjectes,

*) Ich wähle dieses Wort absichtlich, weil es viel bezeichnender ist als der von Schopenhauer und Hartmann gebrauchte Ausdruck „Pessimismus". Der letztere setzt einen Maßstab der Werthschätzung voraus, an welchem gemessen die Welt als mangelhaft und schlecht erscheinen könnte. Den Systemen beider Männer fehlt dieser Maßstab, da sie keine positiven Werthe von absoluter Geltung anerkennen und ihnen in Wahrheit das Nichts als höchstes Ziel alles Lebens und aller Weltentwickelung erscheint. Die Wahl des Worts „Pessimismus" beruht auf dem beiden gemeinsamen Bestreben, durch Beibehaltung der üblichen Bezeichnungen für die principiell negirten Inhalte des Lebens den Schein zu erwecken, als bliebe in der Schattenwelt ihres Nihilismus doch noch ein selbstverständlicher Rest jener Inhalte übrig. Dies ist Halbheit und Heuchelei, welche nicht zu billigen sind.

sie kann nicht losgelöst von diesem Subjecte und gleichsam in der Luft schwebend für sich wirklich sein. Wir können aus der Vorstellung der von uns erlebten einzelnen wirklichen Willensacte wohl den Allgemeinbegriff Wille im Denken aussondern und als Subject eines Satzes oder einer Reihe von Sätzen behandeln, wir können diesen Allgemeinbegriff aber wegen seiner adjectivischen Natur nicht als Substanz, als wirkliches fürsichseiendes reales Wesen betrachten. Fragen wir ferner, was der Wille im gemeinen Wortsinn bedeutet, so lehrt die unmittelbare Lebenserfahrung, daß der Wille eine Bewegung des **ganzen** Geistes ist, welcher will, und daher der Begriff des Wollens nur aus der ganzen Natur des wollenden Wesens verstanden werden könne. Ziehen wir nur die Erfahrung in Betracht, so sind diese Wesen stets solche, welche zugleich vorstellen und fühlen, und welche nur wollen können, was sie vorstellen und fühlen, d. h. was sie durch den fühlbaren und erlebbaren Werth, den sie ihm beilegen, zum Wollen anregt. Wollen kann daher, soweit die Erfahrung reicht, nur ein Wesen, welches zugleich fühlt und vorstellt, aber dieses Erforderniß reicht noch nicht einmal aus, den Begriff des Willens vollständig zu bestimmen. Denken wir uns ein Wesen, welches stets nur eine einzige Vorstellung fassen könnte, welche es allein interessirte und deren fühlbarer Werth seine ganze Seele ausfüllte, so würden wir nicht sagen dürfen, daß ein solches Wesen das Vorgestellte wolle, indem es jenem einzelnen Antriebe folgt, mit dem keine anderen gleichzeitigen Antriebe concurriren. Es würde dann blindlings dem Zwange seiner Natur folgen, es würde durch den einen Antrieb, der es erfüllt, determinirt sein, aber nicht wollen. Es will erst dann, wenn gleichzeitig mehrere Vorstellungen von fühlbarem Werthe seinem Bewußtsein vorschweben, welche sein Interesse gleichzeitig erregen, und das Wollen besteht dann allein in der Entscheidung über diesen Thatbestand gleichzeitig einwirkender Motive. Wollen kann daher nur ein mit

Bewußtsein begabtes lebendiges persönliches Wesen, welches in der Einheit seines Bewußtseins mehrere Vorstellungen zugleich festzuhalten, mit einander zu vergleichen und unter den verglichenen zu wählen vermag, welches daher auch eigene specifisch bestimmte Lebensinteressen hat, welche bei jener Wahl den Ausschlag geben können. Der Wille selbst aber ist eben die Fähigkeit eines solchen Wesens, sich selbst nach inneren Motiven zu bestimmen, er ist seiner Natur nach stets freier Wille.

Der Begriff Wille ist ein Allgemeinbegriff, der von den einzelnen Acten des Wollens abstrahirt ist, und wenn er richtig und vollständig gebildet sein soll, alle jene characteristischen Eigenschaften in sich enthalten muß, welche den einzelnen erfahrungsmäßig beobachteten Einzelbeispielen der Willensacte eigenthümlich sind. Ich stelle dieselben der Vollständigkeit halber noch einmal übersichtlich zusammen:

1. Jeder Willensact ist ein Act des bewußten persönlichen Geisteslebens.

2. Jeder Willensact wird durch den gefühlten Werth der Vorstellung des Gewollten angeregt.

3. Jeder Willensact ist eine Selbstbestimmung des Wollenden, welche auf Grund einer Entscheidung zwischen mehreren gleichzeitig auf denselben einwirkenden Motiven erfolgt.

4. Das bedeutsamste dieser Motive ist stets das schwächer oder stärker einwirkende Gefühl der sittlichen Verantwortlichkeit des Wollenden.

Jeder Willensact wird erst dadurch zum Willensact, daß alle vier characteristische Eigenschaften in ihm angetroffen werden und auch der Allgemeinbegriff Wille muß deßhalb alle vier Beziehungspunkte in sich enthalten.

Legen wir diesen Maßstab der unmittelbaren Lebenserfahrung an den Begriff dessen, was Schopenhauer unter „Wille“ versteht, so zeigt sich sofort, daß der Schopenhauer'sche Wille, sowohl was die Art seiner Existenz, als auch was seinen Inhalt anlangt, etwas ganz Anderes bedeutet, als das, was uns die Erfahrung als Wille kennen lehrt, daß der Schopenhauer'sche Wille vielmehr eine ganz willkürliche, falsche und sich selbst widersprechende Construction ist, welche im Boden der Erfahrung gar keine Wurzel hat.

Die nachfolgenden Sätze werden dieses Urtheil erläutern und begründen:

1. Falsch und widersprechend ist die Behauptung, daß der Wille, die Fähigkeit des Wollens, welche nur als Eigenschaft eines lebendigen Wesens gedacht werden kann, überhaupt, sei es als Begriff oder als Wesen, für sich wirklich sein könne.

Der Wille ist und bleibt, wie wir gesehen haben, stets nur ein Allgemeinbegriff, den wir durch Abstraction von den concreten einzelnen Willensacten bilden. Mag uns diese Abstraction besser oder schlechter gelingen, der Begriff vollständiger oder unvollständiger ausfallen, er bleibt immer ein Begriff, der nicht auf eigenen Füßen stehen, nicht für sich, sondern immer nur als Gedanke in uns, den lebenden Wesen, oder als unsere Eigenschaft wirklich sein kann. Mag man dieser Abstraction eine noch so hohe Bedeutung beilegen, ihre Natur als Begriff oder als Eigenschaft wird dadurch nicht im Mindesten verändert, sie kann dadurch niemals zum fürsichseienden realen Wesen werden. Selbst wenn wir von dieser Unmöglichkeit absehen und mit Schopenhauer den Willen als ein Wesen betrachten, welches weiter nichts könne als Wollen, so wird der innere Widersinn des Gedankens dadurch nicht gehoben, denn ein solches Wesen wäre doch immer nur ein personificirter Begriff, der nicht mehr leisten könnte als der Begriff Wille, auf den die Bezeichnung „Wesen“ aber deßhalb nicht paßt. Man mag den Gedanken drehen und wenden wie man will, es kommt nie etwas Gescheidtes dabei heraus. Ein

Wesen, welches **nur** will, ist ein hölzernes Eisen, denn es **kann** nicht wollen, wenn es nicht in der Vorstellung oder im Gefühl etwas hat, was es wolle, was es zum Wollen anregen könnte. Dies führt uns auf den zweiten Punkt.

2. **Falsch und widersprechend** ist auch **das**, was sich **Schopenhauer**, abgesehen von der **Frage nach der Existenzform**, unter **dem Inhalte dessen** dachte, was **er „Wille“** nannte.

Erinnern wir uns jener vier characteristischen Eigenschaften, welche allen concreten Willensacten erfahrungsmäßig zukommen, und vergleichen damit den Schopenhauer'schen „Willen“, so zeigt sich sofort, daß diesem keine einzige jener Eigenschaften innewohnt. Derselbe soll principiell **unbewußt**, **blind**, **ziellos** und eben deßhalb **absolut frei**, mithin durch gar nichts, also auch nicht durch ein Gefühl sittlicher Verantwortlichkeit motivirt sein. Der Schopenhauer'sche Wille ist daher ganz abweichend von dem bestimmt, was die Erfahrung des Lebens als Wille kennen lehrt. Er ist ein Allgemeinbegriff, der auf die denkbar einseitigste Art gebildet ist, indem bei seiner Abstraction von allen den wesentlichen Beziehungspunkten, welche die einzelnen Willensacte als solche characterisiren, auf die gedankenloseste Art abgesehen und nur das **Wort** im Auge behalten wurde, womit man sie zu bezeichnen pflegt. Der Schopenhauer'sche Wille ist daher kein **vollständiger** Allgemeinbegriff, denn ein solcher müßte jene characteristischen Merkmale der einzelnen Willensacte, wenn auch in allgemeiner Form, in sich enthalten; er enthält in Wahrheit gar keine dieser Merkmale, er ist eigentlich gar kein Allgemeinbegriff, er ist vielmehr eine reine **Fiction**, die mit dem abstrahirten Worte „Wille“ einen ganz anderen Inhalt verbindet, als die Erfahrung aufweist. Es ist dies der Gedanke eines ganz richtungslosen Könnens, der **Potenz** überhaupt, der in der Vorstellung scheidet, was in Wirklichkeit nicht geschieden werden kann, der nur dadurch entstanden ist, daß man allem Wirklichen ein Mögliches vorandenkt, eine Fähigkeit zum Wirken, die doch aller derjenigen Bestimmungen bar sein soll, welche Inhalt und Richtung des Wirkens bedingen. Auch das Wollen ist eine Form des Wirkens und wie dieses in allen Fällen inhaltlich bestimmt. Der Schopenhauer'sche Begriff „Wille“ sieht von allen diesen inhaltlichen Bestimmungen und von den Beziehungspunkten ab, welche in allen Fällen den Inhalt der einzelnen Willensacte bestimmen und sie dadurch erst zu Willensacten machen, er hält nur das Wort Wille fest und verbindet damit die unklare und in sich selbst widerspruchsvolle Idee der bloßen Möglichkeit zu wollen. Diese Idee ist eben deßhalb ganz leer und inhaltlos, und diese Leerhéit allein ist der Grund, der Schopenhauer veranlaßt, den Willen (sc. den Willen als das „Ding an sich“,) als absolut frei und ziellos und über dem Causalgesetz erhaben hinzustellen, denn wenn man sich einmal denkt, daß jemand, der keine Vorstellungen und keine Gefühle, der mit einem Worte nichts hat, was er will oder wollen könnte und dennoch auf räthselhafte Weise auf den Einfall käme, zu wollen, so würde das Resultat seines Wollens völlig unberechenbar, sein Wille absolut frei sein. Die Richtung seines Wollens würde in diesem Falle ebenso unbestimmt sein wie die Richtung des Falls einer vertical auf glatter Ebene im labilen Gleichgewicht stehenden Stange, welche dennoch ohne Ursache auf unbegreifliche Weise zum Umfallen käme. Fassen wir diesen Gedanken in aller Präcision, so zeigt sich der innere Widerspruch, der darin liegt. Wie nämlich die Stange gar nicht zu Fall kommen könnte, ohne daß zuvor das Gleichgewicht durch irgend welche Ursache aufgehoben und durch dieselbe Ursache die Richtung ihres Falles bestimmt würde, so ist es ganz undenkbar, daß jener fingirte absolut vorstellungs- und gefühllose Jemand überhaupt auf den Einfall kommen könne, zu wollen.

Vielleicht ist es eine dumpfe Ahnung dieses Widerspruchs,

welche Schopenhauer bestimmt hat, den Gedanken nicht in dieser Schärfe bestehen zu lassen, sondern seinem „Willen" wenigstens ein Minimum von Inhalt zu gönnen, das nicht blos Wille ist. Es ist dies „das Gefühl der Leere, welches die Langeweile verursacht".

Dieses Gefühl der Leere soll im „Willen" zuerst das Bestreben erwecken, etwas zu wollen, dasselbe ist das primum movens der Weltkomödie, ohne welches das ganze Stück nicht gegeben werden, ohne welches der Wille nicht zum Wollen kommen könnte. Langeweile kann aber nur empfinden wer das Bedürfniß der Unterhaltung, wer also überhaupt Bedürfnisse und Vorstellungen über Arten der Befriedigung derselben hat, denen er den vorausgefühlten Werth solcher Befriedigung beilegt. Sind wir aber genöthigt, dem „Willen" derartige Bedürfnisse, Vorstellungen und Gefühle beizulegen, so durchbrechen wir das Princip; wir haben dann nicht mehr den reinen Willen, welcher blos will, sondern ein irgendwie, wenn auch geistig vielleicht sehr niedrig organisirtes Wesen, welches will, und dessen Wille eben deßhalb nicht mehr absolut frei, sondern durch die Richtung bestimmt ist, in welcher jene Bedürfnisse liegen, die es zuerst zum Wollen anregen. Nur durch eine Inconsequenz kann daher der „reine Wille" überhaupt erst zum Wollen kommen, durch eine Inconsequenz, welche den ganzen Grundgedanken umwirft und auf's Deutlichste zeigt, daß es nur die Reflexe aus der Erscheinungswelt des bewußten persönlichen Geisteslebens sind, welche die Nacht des Ding an sich: „Wille" in der Auffassung Schopenhauer's insoweit erleuchten, als man überhaupt etwas darin sehen kann. Deutlicher als durch diese Inconsequenz läßt sich die Falschheit des Grundprincips nicht darlegen, deutlicher nicht veranschaulichen, daß das ganze Princip nur ein Afterbild des bewußten persönlichen Geisteslebens ist, welches sich von diesem lediglich dadurch unterscheidet, daß die Sphären des Gefühls und der Vorstellung ihrer wahren Bedeutung entkleidet und auf das denkbar kümmerlichste und dürftigste Maß herabgedrückt sind, der Wille selbst aber zu einer nichtigen Fiction degradirt ist.

Die eigentlichen Inhalte des Lebens offenbaren sich nur im Gefühl. Vorstellung und Wille sind streng genommen nur die Formen, in denen sich diese Offenbarung vollzieht. Formen können aber nicht für sich bestehen ohne die Inhalte, deren Formen sie sind; sie können nur für sich gedacht werden, indem man von den Inhalten des Lebens absieht. Deßhalb war es unmöglich, die abstracte Form des Wollens zum inhaltlichen Princip der Welterklärung zu machen. Der Grundgedanke Schopenhauer's, daß der Wille das Wesen der Dinge an sich sei, mußte daher an jenem inneren Widerspruch scheitern. Schopenhauer konnte daher seinem Grundgedanken, welchen ausgeklügelt zu haben, er sich nicht genug berühmen konnte, doch nur dadurch eine Art Scheinexistenz verschaffen, daß er die leere Stelle des ohne die Beziehung auf den Inhalt ganz unvollständigen Allgemeinbegriffs Wille mit dem allerdürftigsten Inhalt erfüllte, mit dem Gefühl der Leere, welches die Langeweile verursacht. Er konnte hoffen und hat sich darin nicht getäuscht, daß man über die Inconsequenz der Substituirung dieses unscheinbaren Inhalts, ohne welchen der Weltproceß nicht in Gang kommen konnte, allenfalls hinwegsehen werde — oder auch, was noch wahrscheinlicher ist, er hat sich durch dieses Taschenspielerstückchen selbst getäuscht. Er entleerte, um den Schein seines falschen Princips zu retten, das Leben und den ganzen Weltproceß alles Inhalts, der ihm Werth und Bedeutung giebt, und verflachte und verödete seine Weltansicht, um sie in eine streng wissenschaftliche Form zu pressen. Die Formulirung des Schopenhauer'schen Grundprincips bedeutet daher weiter nichts als eine Entleerung und Zertrümmerung des inhaltlichen Moments im Leben, welches dieses erst zum Leben macht und ihm Werth, Weihe und Würde verleiht. Das Schopenhauer'sche Grundprincip trägt den Todeskeim des Nihilismus in sich, zu welchem dessen Ausgestaltung führte und dieses **Kainszeichen des Nihilismus** ist sein **characteristisches Merkmal**, das es von aller gesunden und normalen Auffassung des Lebens unterscheidet. Weil er von den Inhalten des Lebens gedanken- und gewissenlos abstrahirte, weil er, statt diese Inhalte gewissenhaft zu prüfen, seine Phantasie in nichtigen Gedankenspielereien abhetzte, deßhalb kommt ihm das Leben selbst schaal und nichtig vor, schlechter als das Nichtsein. Der Gegenstand, mit dem sich die Schopenhauer'sche Philosophie beschäftigt, ist daher nicht das inhaltvolle, lichte, bewußte persönliche Geistesleben, wie wir es unmittelbar in uns erleben, sondern das Spülwasser dieses Lebens, welches noch übrig blieb, nachdem er es durch sein abgeschmacktes Grundprincip hindurch filtrirt hatte.

3. **Unerklärbar ferner ist vom Schopenhauer'schen Standpunkte aus das Vorhandensein der thatsächlich wahrgenommenen Erscheinungswelt und das Verhältniß dieser zum „Willen".**

Der bewußt- und geistlose Wille Schopenhauer's hat, wie wir gesehen, mit dem was wir als Wille in uns erleben, gar keine Aehnlichkeit, er ist allenfalls der blinden **Naturkraft** vergleichbar. Aber auch diese Analogie ist nur scheinbar, er ist noch ein gut Theil unvernünftiger als die blinde Naturkraft. Dies zeigt sich mit großer Evidenz, wenn wir die vorangestellte Frage in Erwägung ziehen. Die Naturkraft hat wenigstens eine für jeden Fall ihres Wirkens unabänderlich bestimmte Richtung, ihr Wirken regelt sich in allen Fällen nach universell und ausnahmslos geltenden Gesetzen, sie ist nicht unberechenbar, man kann sich auf sie verlassen. Die Naturkraft, wenn sie auch nicht, wie die Materialisten die Sache darstellen, **selbstschöpferisch** das nach allen Richtungen hin zweckvoll gegliederte Universum hervorzubringen vermöchte, kann doch wenigstens von einer höheren Intelligenz als

Mittel zur Hervorbringung eines solchen Universums benutzt werden. Der „Wille" Schopenhauer's ist auch nicht einmal dazu tauglich, weil er principiell grundlos, keinen Gesetzen unterworfen, selbst inhaltlos und durch keine Motive bestimmbar, sondern absolut frei und daher völlig unberechenbar sein soll. Wenn man den Grundgedanken Schopenhauer's consequent festhält, so steht man daher bei Aufwerfung der vorangestellten Frage noch rathloser da als der Materialismus. Der blinde „Wille" Schopenhauer's ist nicht blos eine falsche und nichtige, sondern auch ganz unfruchtbare Fiction. Die physikalischen Hypothesen über die Art und die Wirkungsweise der Naturkräfte, wie der Materialismus sie zu Principien seiner Welterklärung benutzte, haben zwar auch, wie wir gesehen, keine universelle Geltung und leiden, metaphysisch aufgefaßt, an inneren Widersprüchen, aber sie waren doch wenigstens fruchtbare Hypothesen, welche zur Aufhellung und Verständniß gewisser Gebiete der phänomenalen Wirklichkeit nicht ununerheblich genutzt haben. Die Hypothese des „blinden Willens" aber erweist sich ganz nutzlos und unbrauchbar, weil sie von Anfang an eine Mißgeburt ist, welche, in dem Bestreben, etwas Identisches im Wollen des Geistes und im Wirken der Naturkräfte zum Ausdruck zu bringen, das Wesen beider verfälscht und verflacht.

Sie ist unvermögend, auch nur irgend welche Einzelheiten des Naturlaufs, geschweige denn das Ganze desselben zu erklären, oder irgend welche neue Gesichtspunkte zum Verständniß desselben darzubieten.

Alle Versuche, die Schopenhauer in dieser Richtung macht, gehören ins Gebiet unfruchtbarer Mythenbildung. Es gehören dahin Erzählungen, wie die, daß „die Materie die Sichtbarkeit des Willens", „der Leib die Erscheinung desselben" sei; die Beschreibungen, wie der Intellect durch die Vermittelung des Gehirns aus dem Willen entstehe; wie Raum und Zeit „Principien der

Individuation" sein sollen; wie „jeder Organismus, Pflanze, Krystall ein einziger objectivirter Willensact" sei, eine „einheitliche platonische Idee" darstelle; wie „außerhalb des Willens ein solches Reich der Ideen bestehen soll, dessen man durch gänzliche Lossagung vom Willen inne werden könne"; wie endlich „aus der Einheit des blinden Willens in allen Wesen" der Zweckbegriff abgeleitet, und wie dieser stets „nur auf die Erhaltung der Gattung gerichtet sein müsse". Die Grundlosigkeit aller dieser zum großen Theil ihrem Inhalt nach gar nicht einmal verständlichen Reden liegt so offenbar zu Tage, daß es keiner ernsthaften Widerlegung bedarf. Jedermann sieht die Unmöglichkeit der Behauptung ein, daß ein blinder grundloser Wille, zu dessen Wesen eben die Abwesenheit aller Ziele gehören soll, ein zweckmäßig gegliedertes Universum aus sich hervorbringen könne. Sind alle einzelnen Acte des Willens blind und richtungslos, so können sie sich unmöglich zu so interessanten „Ideen" wie die „Organismen, Thiere, Pflanzen und Krystalle" erst objectiviren, denn es ist nicht abzusehen, wie durch die „Objectivation", noch dazu einen sehr dunkeln und unbegreiflichen Vorgang, Vernunft und Inhalt in jene sinnlosen Acte gebracht werden könne. Das ganze „Platonische Ideenreich" ist ein gestohlener Flicken, der zu dem übrigen Muster des Schopenhauer'schen Systems nicht paßt. Der abstracte, leere Begriff „Wille" zeigt ebensowenig wie das Atom der Materialisten irgend welche Ansatzpunkte einer innerlichen Differenzirung in sich, welche ihn zu einem specifisch und individuell bestimmten Wirken und zur Erzeugung der reichen und zweckvollen Mannigfaltigkeit der Naturproducte anregen könnte.

Nicht einmal die Totalanschauungen des Raumes und der Zeit ist der „blinde Wille" aus sich selbst zu erzeugen im Stande, denn deren Entstehung setzt eine Vielheit für sich seiender Wesen voraus, welche ihre gegenseitigen Beziehungen nach Verhältniß ihrer individuellen Gesichtspunkte, einer ursprünglichen Geistesanlage gemäß, räumlich und zeitlich aufzufassen, zu ordnen, und wegen der zwischen allen herrschenden Gesetzlichkeit in jene Totalanschauungen zusammenzufassen vermögen. Das Vorhandensein der Individuen ist daher eine nothwendige Voraussetzung der Entstehung der Raum- und Zeitanschauung, nicht aber können diese umgekehrt „Principien der Individuation" sein.

Es sind das alles bodenlose Phantasien, welche wohl den oberflächlichen Leser zu blenden, nicht aber das unfruchtbare Grundprincip der Willensphilosophie zu corrigiren und über sich selbst hinauszuführen vermögen.

Alle jene unter 1 bis 3 aufgeführten Widersprüche und Verkehrtheiten suchte Schopenhauer dadurch zu verdecken, daß er die Kant'sche Unterscheidung von Erscheinung und Ding an sich kritiklos acceptirte und den Hauptfactor seiner Rechnung, den Willen, in die unerkennbare Welt der Dinge an sich verlegte, ihn aber trotzdem, je nach Bedürfniß, wieder als alten Bekannten behandelte und mit den Objecten der Erscheinungswelt ohne Bedenken in Connex treten ließ. Er zerlegte durch jene Scheidung die Welt in zwei Theile, in deren einem die Unvernunft des blinden Willens, in deren anderem Gesetz, Ordnung und Zweck alles Geschehen beherrschen sollen. Trotzdem sollen beide Welten nicht nur mit einander verbunden, sondern sogar ein und dasselbe sein, das eine Mal als Ding an sich, das andere Mal als Erscheinung betrachtet. Ein und derselbe Willensact soll das eine Mal als unvernünftig und frei, das andere Mal als vernünftig und determinirt gelten. Ich kann dies ganze, aller Logik und allem gesunden Menschenverstande widersprechende Verfahren nicht anders bezeichnen als ein falsches Spiel, bei dem beide Spieler sich gegenseitig zu täuschen suchen, indem sie beide auf die Vergeßlichkeit des andern rechnen; es ist ein conventioneller gegenseitiger Betrug, dessen Zweck man nicht begreift, da doch keinem die Täuschung wegen der Wissenschaft des anderen gelingen kann.

Entweder ist der Wille frei oder er ist determinirt, entweder vernünftig oder unvernünftig, zweckvoll oder zwecklos, aber es kann nicht ein und derselbe Willensact zugleich frei und unfrei, vernünftig und unvernünftig, zweckvoll und zwecklos sein.

Ueberblicken wir das Gesagte, so erweist sich der Grundgedanke Schopenhauer's, in dessen Ausgestaltung dessen ganze Philosophie besteht, nach allen Richtungen hin als falsch und unhaltbar, und das System verliert damit seine einzige Stütze.

Wie Schopenhauer sich durch dieses falsche Grundprincip das wahre Verständniß alles Lebens verdarb, so verkannte er insbesondere auch das Wesen der menschlichen Freiheit, in welcher sich, wie wir gesehen haben, das Leben erst zur höchsten Blüthe entfaltet und seinen reichsten Inhalt offenbart. Im freien Wollen vollzieht sich der active Lebensproceß, in ihm tritt die wahre Natur des Menschen zu Tage. Durch Verdeutlichung der in der menschlichen Freiheit gegebenen Voraussetzungen fanden wir die Grundlinien unserer ganzen sittlich-religiösen Weltansicht fest und sicher in unserem Innern vorgezeichnet. Schopenhauer verschloß sich dem Verständnisse dieser Offenbarungen, indem er an die Stelle dessen, was wir unmittelbar als Wille in uns erleben, die nichtige Fiction eines blinden grundlosen „Willens" substituirte, welcher gänzlich inhaltlos sein soll; er substituirte dem wahren positiven inhaltvollen Begriffe der Freiheit den Unbegriff einer grundlosen Selbstbestimmung. Diese absolute Freiheit des blinden Willens zum Leben ist die einzige Art von Freiheit, welche Schopenhauer überhaupt kennt. Es ist das dieselbe Art von Freiheit, welche wir von Anfang an aus dem Kreise unserer Betrachtungen ausschlossen, da sie ein in sich selbst widerspruchsvoller Begriff ist, der für das die wahre Freiheit characterisirende Gefühl der sittlichen Verantwortlichkeit keinen Anhalt giebt.

Nur durch eine Inconsequenz, welche das ganze Princip umwirft, durch die weitere Annahme, daß der „Wille" die innere Leerheit der Langenweile empfinden solle, konnte dieser erst zum Wollen getrieben werden. Als Product dieses blinden Wollens soll dann eine Welt der Erscheinung hervorgetrieben werden, in welcher merkwürdigerweise Gesetz, Ordnung und Zwecke herrschen sollen, eine Welt zweckvoll gegliederter Wesen specifisch und mannichfach bestimmter Art, welche mit einander in gesetzlich geregelter Wechselwirkung stehen, sich gegenseitig erscheinen, fühlen, vorstellen, Pläne schmieden und Zwecke verfolgen, denen aber doch wieder das Beste fehlt, was den Menschen erst zum Menschen macht, nämlich das Wollen, welches nicht dem Reiche der Erscheinung, sondern nur dem Dinge an sich zukommen soll. Das Reich der Erscheinung ist vielmehr ein Reich von Automaten. Die vernunftlose Freiheit des Wollens hat sich in der Schöpfung dieser unfreien Geschöpfe erschöpft. Sie alle sind angeblich einem blinden Fatalismus unterworfen, alle ihre Lebensäußerungen sollen durch ihre specifisch unabänderliche Natur bestimmt sein, durch ihren „intelligibeln Character", der ihr Wesen bedingt und abschließt. Die Freiheit soll in ihrem esse, d. h. in dem unvernünftigen Willensacte liegen, der ihren intelligibeln Character schuf, nicht in ihrem operari, d. h. in dem, was sie selbst thun; sie selbst können nicht wollen, sondern es wird in ihnen gewollt; es wird in ihnen gewissermaßen nur noch nachgewollt durch den ursprünglichen unvernünftigen Willensact, der sie ins Leben rief und sie so wollte, wie sie sind. Auch für diese Wesen giebt es daher keine Freiheit, kein Wollen in dem Sinne, wie es die Erfahrung lehrt, für diese giebt es kein Soll, kein Gewissen, keine Reue. Gewissen soll nur „die aus dem Thun des Menschen erwachsende Selbsterkenntniß seines individuellen Wollens", „seines unabänderlichen individuellen Characters" sein (Welt als Wille und Vorstellung Bd. I S. 403), „Reue die Erkenntniß, daß der Mensch gethan habe, was eigentlich seinem intelligibeln Character nicht entsprach" (I. S. 679). Mit einem Worte: Es giebt für Schopenhauer auch in der Erscheinungswelt keine Freiheit und keine sittliche Verantwortung.

Freiheit und Gewissen, die Grundlagen aller Moral, finden daher in der systematischen Weltansicht Schopenhauer's überhaupt keine Stelle.

Damit wäre unsere Kritik beendet, wenn nicht Schopenhauer versucht hätte, auf jener systematischen Grundlage eine neue Ethik zu begründen. Obgleich wir die Haltlosigkeit des Fundamentes dieser neuen Ethik soeben ausführlich dargelegt haben, so wollen wir doch, um ihrem Urheber nach allen Seiten hin gerecht zu werden, auch die letztere selbst noch einer kurzen Beleuchtung unterziehen.

Nur per nefas kam der „Wille" dazu, sich in die Vielheit der einzelnen Wesen zu objectiviren. Nur per nefas wurden die Functionen dieser Wesen in causalen und teleologischen Zusammenhang gebracht. Sehen wir, wie gesagt, von diesen Inconsequenzen ab, um nur überhaupt eine Basis für die weiteren Aufstellungen zu gewinnen, geben wir zu, jene Wesen könnten aus dem blinden Willen entstanden sein und überhaupt Ziele verfolgen, um zu fragen, welche Ziele sie vernünftiger- oder sittlicherweise verfolgen könnten? so eröffnet uns Schopenhauer selbst zwei Gesichtspunkte, welche die Armseligkeit seines Princips in characteristischer Weise enthüllen.

Das individuelle Leben ist, nachdem es auf die angegebene Art alles Inhalts beraubt wurde, gänzlich nichtig und leer; auf die besondere Gestaltung oder Erhaltung des individuellen Lebens kann es daher nicht ankommen. Wir erinnern uns nun, daß der Wille sich in dem „Platonischen Ideenreiche" objectiviren soll. „Die Gattungen und Ideen sollen die vollkommene Erscheinung und adäquate Objectivität des Willens sein", „die Idee oder die Gattung soll das sein, worin der Wille zum Leben eigentlich wurzelt und sich manifestirt, den Ideen allein kommt wahres Sein zu". „Wie die zerstäubenden Tropfen des tobenden Wasserfalls mit Blitzesschnelle wechseln, während der Regenbogen, dessen Träger sie sind, in unbeweglicher Ruhe feststeht, ganz unberührt von jenem rastlosen Wechsel: so bleibt die Idee, d. i. jede Gattung lebender Wesen, ganz unberührt vom fortwährenden Wechsel der Individuen*)." Die Erhaltung der Gattungen soll daher der nächste Zweck sein, auf den es ankommt. Hunger und Geschlechtstrieb sollen die Hauptfactoren sein, welche zu dessen Realisirung mitwirken. „Der Mensch ist concreter Geschlechtstrieb, da seine Entstehung ein Copulationsact, und dieser Trieb allein seine ganze Existenz perpetuirt und zusammenhält" (II. S. 586).

Dieser nächste Zweck, welcher dem Leben eine Art von Bestimmung geben soll, wurzelt aber gar nicht in dem eigentlichen Grundprincipe des Willens, sondern in dem „Platonischen Ideenreiche", welches in gar keinem inneren Zusammenhange mit jenem Grundprincipe steht, sondern diesem nur ganz grundlos und willkürlich associirt ist. Es ist überdies, wenn man eben von der Erinnerung an Plato und dessen Bestreben, den Inhalten des Wirklichen in den Ideen gleichsam eine angemessene Form zu geben, einem Bestreben, welches wohl der göttliche Plato, aber nicht ein Schopenhauer hegen konnte, der alle Inhalte verkennt, von denen jener begeistert war, gar kein Grund abzusehen, warum denn die Gattungen überhaupt erhalten werden sollen? was sie an sich bezwecken und bedeuten? Soll doch das Ganze des Weltprocesses, dessen Phasen in jenen wiedererscheinen, sinn- und zwecklos sein! Wie kann jenen zufälligen Formen, in denen der blinde Wille sich auswirkt, irgend welche Bedeutung beigelegt werden? Worin kann solche Bedeutung denkbarer Weise bestehen? Die Gattungen selbst

*) Die Welt als Wille und Vorstellung. 3. Aufl. Leipzig. Brockhaus 1859. Bd. II S. 550 cf. Bd. I S. 206. 214. 325. II S. 414. 582.

sind Begriffe und haben nichts davon, daß sie existiren, weil sie kein eigenes Leben führen. Der „Wille", ihr Urheber, kann keine Freude an ihnen haben, da er ja blind ist und sie nicht sehen kann. Den Individuen endlich wird die Erhaltung der Gattungen, wenn sie nicht irgend welche Nebenzwecke dabei haben, völlig gleichgültig sein, jedenfalls an Bedeutung weit hinter ihren sonstigen individuellen Lebenszwecken zurückstehen. Die Erhaltung der Gattungen kann unmöglich Ziel der sittlichen Bestimmung des individuellen Lebens sein, da diesem Ziele jede verbindliche Kraft und jedes Interesse fehlen würde.

Schopenhauer selbst scheint die Unfruchtbarkeit dieses ersten Gesichtspunkts zur Begründung seiner Ethik eingesehen zu haben und begnügt sich damit, jenes seinem Grundprincipe zugesellte Reich der Ideen als eine lichte Insel in dem trüben Ocean seiner systematischen Irrungen für seine Gedanken über die Kunst behaglich einzurichten, um dieser darauf eine von dem Treiben des vernunftlosen Willens unberührte stille Stätte zu bereiten. Ich gehe über diesen Versuch hinweg und erwähne ihn nur beiläufig als Beleg dafür, daß auch die Kunst in der vernunftlosen Willensphilosophie Schopenhauer's ohne allen Boden ist.

Um die Ethik zu begründen, mußte er tiefer auf sein Grundprincip zurückgreifen. Indem er dieses that, erntete er nur die Früchte dessen, was er zuvor gesäet hatte. Er hatte das Leben durch sein unvernünftiges Princip alles Inhalts entleert. Nun erscheint es ihm trostlos und öde, schlechter als das Nichts. Was bleibt ihm übrig, als alles Streben, den einzigen denkbaren dauernden Zweck des Lebens, welches ja nur Leiden darbieten konnte, auf dessen Vernichtung zu richten? Das Dasein erscheint ihm „als eine Verirrung, von welcher man durch Erlösung zurückkommen muß." Dies ist der zweite Gesichtspunkt, welcher den wahren ethischen Grundgedanken Schopenhauer's enthält.

Den Weg zu diesem Ziele hat er selbst in der Hauptsache eigentlich nur angedeutet, erst sein Schüler Eduard von Hartmann hat ihn zu ebnen und systematisch auszubauen versucht, indem er die Fäden, welche Schopenhauer zu diesem Zwecke gedreht hatte, in ein künstliches Gespinnst zusammenflocht. Die leitende Idee dieses systematischen Ausbaus, daß nämlich „die Erlösung durch den Intellect geschehen“ müsse, hat Schopenhauer selbst schon aufgestellt. Die volle Erkenntniß der Einheit des Willens in allen Erscheinungen und der Richtigkeit des Ganzen soll zum Quietiv alles und jedes Wollens werden, soll die Abwendung vom Leben, die Verneinung des Wollens bewirken. Die Askesis erscheint Schopenhauer als Mittel hierzu ausreichend. „Man hört auf zu wollen und erfüllt sich mit Gleichgültigkeit gegen Alles.“ „Man verneint zuerst den Geschlechtstrieb: das Menschengeschlecht würde dann aussterben. Mit der höchsten Willenserscheinung in der Menschheit würde dann auch der schwächere Widerschein derselben in der Thierheit wegfallen; wie mit dem vollen Lichte auch die Halbschatten verschwinden. Mit gänzlicher Aufhebung der Erkenntniß schwindet dann auch von selbst die ganze übrige Welt in Nichts; da ohne Subject kein Object.“ (Welt als W. und V. I. S. 448. 449).

Ich verspare mir die Widerlegung dieser absonderlichen Einfälle und die weitere Besprechung der Schopenhauer'schen Ethik, welche sich, nach Zerstörung aller übrigen Inhalte, ausschließlich auf den Egoismus gründet (l. c. I. 434) bis zur Kritik der darauf basirten systematischen und vollständigeren Ausführungen E. v. Hartmann's, zu deren Betrachtung ich nun übergehe.

Eduard von Hartmann hat den Grundgedanken Schopenhauer's, daß der Wille das Wesen des Dinges an sich sei, in einer Weise modificirt, welche von einschneidender Bedeutung auf seine Gedanken über die menschliche Freiheit werden mußte. Er verwirft den Begriff des inhaltlosen leeren Willens als eines selbständigen Wesens und damit auch die bedingungslose absolute Freiheit, welche Schopenhauer jenem beilegte. Er verwirft ferner die materialistische Entstehungsweise des Intellects, welche Schopenhauer behauptete, und sucht die Unvereinbarkeit des Schopenhauer'schen Grundgedankens mit dessen Ideenlehre dadurch zu beseitigen, und zugleich den Mangel des ersteren dadurch zu heben, daß er Wille und Vorstellung als coordinirte Attribute eines und desselben Urwesens, des sogenannten Unbewußten, hinstellt.

Wille und Vorstellung sind jedoch auch in dieser Form, wie bei Schopenhauer, leere Abstractionen ohne Fleisch und Blut, die, obgleich sie Attribute eines von ihnen verschiedenen Wesens sein sollen, dennoch als für sich seiende Realitäten behandelt werden, die mit einander in Action treten und den Weltproceß hervorbringen sollen. Um dies begreiflich zu machen, muß ich einen kurzen Ueberblick der systematischen Grundgedanken Hartmann's vorausschicken.

Es werden drei Stufen des Willens unterschieden:

1. Der reine Wille, „der sich zum Wollen verhält, wie die Potenz zum Actus" (Philosophie des Unbewußten 8. Auflage. Band II. p. 431).

2. Der leere Wille, das ist „der Moment der Initiative, der Zustand, in welchem der Wille zwar bereits aus der latenten Ruhe der reinen Potentialität herausgetreten ist, also dieser gegenüber sich schon actuell zu verhalten scheint, aber doch noch nicht zur realen Existenz, zur gesättigten Actualität gelangt ist" (l. c. p. 432).

3. Der erfüllte Wille, das ist das eigentliche Wollen, welches sich auf ein bestimmtes Object richtet.

Es werden ferner zwei Stufen der Vorstellung oder Idee unterschieden:

1. Die Idee im Zustande der reinen Möglichkeit, das

ist die Idee in dem Zustande, wo sie, im Unbewußten zwar enthalten, aber noch nicht gewollt ist.

2. Die wirkliche Idee, das ist die durch den Willen gewollte und dadurch verwirklichte Idee (l. c. p. 447).

Wille und Vorstellung sollen in ihren ersten Stufen als reiner Wille und reine Idee zwar nicht als „Seiendes“ sondern als etwas „Vorseiendes“ oder „Ueberseiendes“ im Unbewußten enthalten sein (l. c. p. 431). Dies soll der Zustand des „Unbewußten“ vor Entstehung der Welt sein. Der Wille ist auf dieser ersten Stufe noch ohne angebbaren Inhalt. Dieser noch inhaltleere Wille soll demnächst über das daß der Welt entscheiden. Anders soll sich's mit der Idee verhalten. Diese soll schon in ihrem vorseienden Zustande den ganzen inhaltlichen Reichthum der späteren Welt, das ganze was der Welt, in sich enthalten. Es ist dies — man höre und staune! — weiter nichts als: „das logische Formalprincip“. Nota bene, das logische Formalprincip in seiner dürftigsten Formulirung durch den Satz der Identität und des Widerspruchs (l. c. p. 441).

Wie kommt nun durch diese ruhenden Potenzen im Unbewußten der Weltproceß in Gang?

Eduard von Hartmann verfährt hier an diesem wichtigsten Punkte seiner Weltentstehungsgeschichte rein dogmatisch. Er erzählt uns nur, daß der „reine Wille“ in den „Moment der Initiative“, in das leere Wollen, in das Stadium des „Ringens nach dem Sein“ eintrete, ohne zu beschreiben, vielleicht auch ohne zu bedenken, wie? das geschehen könne. In der That kann es nach der eigenen Definition nicht geschehen, denn der reine Wille soll ja eben der Definition zufolge noch keine innere Spannung, kein Moment innerer Differenzirung in sich enthalten, das ihn dazu treiben könnte, nach einem Sein zu ringen, von dem er nichts weiß und fühlt.

Nehmen wir jedoch, um eine Basis der weiteren Betrachtungen

zu gewinnen, an, es sei so. Der Zustand des leeren Wollens soll dann „ein ewiges Schmachten nach Erfüllung sein, welche ihm nur durch die Vorstellung gegeben werden kann", er soll deßhalb „absolute Unseligkeit, Qual ohne Lust, selbst ohne Pause" sein (l. c. p. 434). Diese Qual des unbefriedigten leeren Wollens ist dann der eigentliche und einzige Inhalt, der erst auf dieser zweiten Stufe des Wollens eintritt, und die Potenz zum eigentlichen Wollen treibt. Der leere Wille soll nun „die Ideen ergreifen", „welche", wie Hartmann weiter erzählt, „sich in dem Maße durch Selbstbestimmung aus ihrem Formalprincip heraus entfalten, wie sie durch den Willen in dessen Entwickelung nach einander realisirt werden", denn „wenn sie von Anfang an in alle Ewigkeit im Idealen zusammengeschachtelt lägen, so müßte ja der ganze Ideenprast mit einem Schlage auf einmal realisirt werden" (l. c. p. 444). Dieser ganze Ideenprast, das was der Welt, welches realisirt werden soll, soll nun aber wie gesagt weiter nichts sein als das logische Formalprincip. Es ist interessant und characteristisch, zu verfolgen, wie aus diesem logischen Formalprincip der Weltzweck abgeleitet wird. Doch man wird mir nicht glauben, wenn ich hier nicht den Autor selbst reden lasse:

„Das logische Formalprincip in Gestalt des Satzes der Identität ist schlechthin unproductiv (das A = A führt zu nichts); es ist der Irrthum aller logischen Philosophen gewesen, daß sie das logische Princip für positiv schöpferisch hielten, und sich wohl gar einbildeten, durch dasselbe zu einem positiven Inhalt der Welt, zu einem positiven Endzweck derselben gelangen zu können. Alle positive Teleologie ist deßhalb ein todtgeborenes Kind (!), weil der positive Zweck Schöpfung des logischen Formalprincips im positiven Sinne sein müßte, letzteres in positiver Gestalt aber durchaus unschöpferisch ist, ja von sich aus nicht einmal zu einem Processe käme, sondern in der reinen Identität mit sich selbst beharren müßte.

Anders die negative Gestalt. In dieser freilich kann das logische Formalprincip sich erst dann bethätigen, wenn ein Unlogisches vorhanden ist, gegen welches das Logische mit seiner Negation sich erheben kann. Der innere Widerstreit des leeren Wollens, das wollen will und doch nicht kann, das Befriedigung anstrebt und Unbefriedigung erlangt, ist ein solches Unlogisches; das **Wollen** selbst ist die **Negation** des **Satzes** der **Identität** (!), indem es das Verharren der Identität mit sich selbst umstößt, und fordert, daß A (die reine Potenz) nicht A bleibe, sondern sich zu B (den Actus) verändere, es ist also die Negation des positiv Logischen, und fordert damit das logische Formalprincip zur Betheiligung im negativen Sinne heraus. Das Logische negirt die Negation seiner selbst, es sagt: „der Widerspruch (nämlich gegen mich, das Logische) soll nicht sein"! und indem es das sagt, **setzt** es **sich** eben **damit** den **Zweck**, **nämlich** die **Aufhebung** des **Unlogischen**, des **Wollens**" (!!).

Das ist also nach Hartmann's Ansicht der vom Anfang bis zum Ende des Processes sich unverändert gleichbleibende Weltzweck des allweisen Unbewußten, daß der Satz der Identität nicht verletzt werde! — Der Satz der Identität, der doch richtig verstanden, nur besagt, daß jeder denkbare Inhalt sei, was er sei, daß also: Seiendes: **Seiendes**, Veränderliches: **Veränderliches**, Wollendes: **Wollendes** sei; der keineswegs lehrt, daß jeder Inhalt **unveränderlich** sein und bleiben müsse, dem also das Wollen überhaupt gar nicht im Mindesten widerspricht!

Diese Erzählungen, welche uns Hartmann nicht etwa scherzweise sondern mit tiefem Ernste als letzte Ergebnisse seiner esoterischen Weisheit vorträgt, gestatten uns einen tiefen Einblick in den innersten Gedankenkern des speculativen Neubaus, womit der berühmte Autor unser unterhaltungsbedürftiges Publicum beschenkt hat. Wir ersehen genug daraus, um die trostlosen Consequenzen desselben vollkommen begreiflich zu finden. Auch hier ist, wie bei Schopenhauer, die Leerheit und Inhaltlosigkeit des Grundprincips und des ganzen Gesichtskreises der wahre Grund des proclamirten Nihilismus. Leere personificirte Allgemeinbegriffe bilden hier, gleich wie bei Schopenhauer, das letzte Princip der Welterklärung. Das stumm im Hintergrunde dastehende Unbewußte, dem jene als Attribute aufgeheftet sind, ist nichts als ein vinculum substantiale zwischen beiden, es ist nur eine fingirte Substanz, welche die Ungereimtheiten der Personification jener Allgemeinbegriffe „Wille" und „Vorstellung" verdecken soll. Auch hier ist die blinde Unvernunft eines leeren ziellosen Wollens das active schöpferische Princip, auch hier ist das Was der Welt, das logische Formalprincip, ähnlich wie das „Platonische Ideenreich" bei Schopenhauer unvermittelt neben den blinden Willen gestellt, denn durch die obige Erzählung ist doch nicht im Mindesten begreiflich gemacht, wie der leere Wille sich auf die Idee richten und diese stückweise „ergreifen" und „realisiren" könne. Der leere Wille will den Schmerz beseitigen, der ihn quält; wie er aber dazu komme, diesen Schmerz successive in eine immer deutlichere Vorstellung des logischen Formalprincips umzuwandeln und dadurch eine successive Befriedigung zu erlangen; wie ferner durch diesen Proceß des successiven Wollens und Verwirklichens des logischen Formalprincips die concrete Fülle der wirklichen Weltwesen und das wirkliche Geschehen, welches unseren Gesichtskreis erfüllt, entstehen können, das Alles bleibt nicht nur völlig im Dunkeln, sondern erscheint als eine baare, blanke Unmöglichkeit. Nur das wird uns aus jener abgeschmackten Kosmogonie völlig klar, daß Hartmann sich dadurch allen Sinn und alles Verständniß für die specifische Bedeutung und den specifischen Sinn alles Lebens und aller Wirklichkeit gründlich verderben mußte, insoweit daran überhaupt noch etwas zu verderben war.

In der That geht bei Hartmann mit jener geistlosen Mythologie das Bestreben Hand in Hand, alle Lebensinhalte principiell zu entgeistigen und zu entleeren, damit das ganze Terrain für den Nihilismus geebnet werde.

Um zunächst jede Erinnerung an das helle, bewußte Geistesleben auszulöschen, dessen unmittelbarer Beobachtung doch alle Factoren seiner systematischen Evolutionen stillschweigend oder ausdrücklich entlehnt sind, verlegt er das eigentliche Wollen und Vorstellen in das mysteriöse Gebiet des Unbewußten, aus dem das Bewußtsein dann rückläufig durch den Proceß der Organisation abzuleiten versucht wird. Wollen und Vorstellen, beides Acte des bewußten persönlichen Geisteslebens und nur als solche, als lebendige Zustände lebendiger Wesen begreiflich, werden von diesen Wesen losgelöst und als selbständige Infinitive für sich hingestellt, aus denen dann die Wesen, deren Zustände jene ursprünglich waren und allein sein können, nebst dem Bewußtsein, unter dessen Mitwirkung sie selbst erst entstehen können, reconstruirt werden. Es ist nicht anders, als wenn man die Geschichte, die ein Mensch erzählt hat, als das Ursprüngliche betrachten und aus dieser Geschichte dann den Menschen, der sie erzählt hat, als etwas Secundäres entstehen lassen wollte. Ich erwähnte schon früher, daß man Wesen und Bedeutung des Wollens und Vorstellens erst vollständig aus der ganzen Natur des wollenden und vorstellenden Geistes begreifen könne. Diese Möglichkeit wird durch jene Loslösung und Personification der Allgemeinbegriffe Wille und Vorstellung ausgeschlossen. Die Folge ist, daß jene nun mit dem dürftigsten Inhalte ausgestattet werden: der Wille wird zum unvernünftigen, ziellosen Drange, die Vorstellung wird zum logischen Formalprincip.

Als könnte ein zielloser, vernunftloser Drang die sinnvolle Welt hervorbringen! Als könnte aus dem logischen Formalprincip die inhaltliche Vielgestaltigkeit des Wirklichen hervorgehen!

Vorstellen und Wollen sind doch nur die Formen, in denen die Gefühlsinhalte des Lebens sich realisiren. Um für diese eine Basis zu gewinnen, knüpft Hartmann an die Qual, welche das unbefriedigte leere Wollen verursachen soll. Lust und Unlust, ihrer specifischen Art nach so vielgestaltig und incommensurabel wie die Ereignisse, welche sie erzeugen, werden aller dieser specifischen Verschiedenheiten entkleidet und nur als Grade der Befriedigung oder Nichtbefriedigung des blinden, inhaltleeren und deßhalb stets gleichförmigen „Willens" hingestellt, dem jeder Maßstab der Werthschätzung fehlt. Dadurch wird dann der Ansatz zu dem Rechenexempel ermöglicht, daß die Totalbilance der Summe aller Lust und Unlust nothwendig ein negatives Resultat ergeben müsse, welches mit großem Aufwande von Sophistik an allen Einzelheiten des Lebens durchgeführt wird. Daraus wird dann gefolgert, daß das Leben im Ganzen und das Leben aller Einzelnen werthlos und schlechter als Nichts sei.

Ich halte die hiergegen schon früher*) aufgestellten Bedenken zurück und wende mich sogleich der Frage zu, was denn innerhalb dieser Weltansicht des Nihilismus Freiheit und sittliche Verantwortlichkeit bedeuten?

Es ist zweifellos ein Verdienst Hartmann's, daß dieser auf die Unhaltbarkeit der bedingungslosen Freiheit des Schopenhauerschen leeren Willens hingewiesen, daß er überhaupt die Nichtigkeit und ethische Bedeutungslosigkeit des liberum arbitrium indifferentiae mit aller Schärfe hervorgehoben hat. Er stellte sich dadurch auf einen ganz anderen Boden als Schopenhauer. Obgleich er behauptet, daß der Mensch in seinem Wollen determinirt sei „wie der fallende Stein", so erkennt er doch an, daß demselben die Fähigkeit beiwohne, unter mehreren gleichzeitig auf ihn einwirken-

---

*) Das geschah besonders in einem Aufsatze: „Der Pessimismus und das höchste Gut", Bd. XLVI Heft 5 S. 480 sqq. der Preußischen Jahrbücher, auf welchen ich der Kürze halber verweise. Vergleiche auch hierzu und zu dem Folgenden: meine gekrönte Preisschrift „Pessimismus und Sittenlehre". 2. Auflage. Berlin. G. Reimer 1883.

den Motiven zu wählen, und daß man durch Lehre, Erziehung, Selbstbeherrschung u. dergl. auf die desfallsigen Willensentscheidungen einwirken könne. Er erkennt daher das Vorhandensein der Freiheit der Sache nach an und vergreift sich nur im Ausdruck, wenn er trotzdem alles Wollen determinirt nennt. Aber dieser falschen Bezeichnung liegt doch, wie sich bald herausstellen wird, ein Mangel in der sachlichen Auffassung zu Grunde, der den ganzen Freiheitsbegriff Hartmann's entwerthet. Ist es zwar richtig, daß jede Willensentscheidung schließlich dadurch zu Stande kommt, daß man das durchschlagende Motiv vor den anderen gleichzeitig einwirkenden Motiven bevorzugt, daß deßhalb auch eine alle Motive und den ganzen Character des Wollenden bis in die feinsten Züge durchschauende Intelligenz in der That voraussehen könnte, was jener in jedem Falle wollen werde, so wird doch der Wollende selbst durch solche Voraussicht einer überlegenen Intelligenz darum in seinem Wollen keineswegs determinirt. Er ist ebenso frei und verantwortlich in seinen Willensentscheidungen, mag eine solche überlegene Intelligenz existiren und seine Willensentscheidungen vorauswissen oder nicht. Selbstverständlich ist eine derartige Vorausberechnung um so leichter und einfacher, je einfacher und leerer der Wille gedacht wird, dessen Wahlentscheidungen in Frage kommen. Denkt man sich daher den Willen, wie es Eduard von Hartmann thut, lediglich durch die stets gleichförmige Triebfeder des Egoismus und rein äußerliche Motive bestimmt, so werden alle Wahlentscheidungen wegen ihrer leichten Berechenbarkeit in der That den Eindruck hervorbringen, als seien sie determinirt, denn die Freiheit der Wahlentscheidung wird um so enger, je enger der Spielraum für die Entfaltung des wahren specifischen Menschwesens zusammengerückt wird, da nur innerhalb dieses Spielraums wahre positive Freiheit walten kann. Die Leerheit des Hartmann'schen Willens ist daher der eigentliche Grund jener falschen Bezeichnung, ist der Grund dafür, daß Hartmann nur zwischen Determinismus und Indeterminismus unterschied, daß er nur die negative Bedeutung des Freiheitsbegriffs gelten, die wahre positive Bedeutung aber, wie die unmittelbare Lebenserfahrung sie offenbart, ganz unbeachtet ließ.

Dies wird noch anschaulicher und deutlicher, wenn wir den Willen, wie wir denselben thatsächlich in uns erleben, mit dem Hartmann'schen „Willen" vergleichen.

Der Wille, wie wir ihn in uns erleben, ist bewußter Wille und wesentlich durch das ihn stets begleitende Gefühl der Verantwortlichkeit characterisirt. Der Hartmann'sche Wille ist im Princip unbewußt und nicht durch das Gefühl der Verantwortlichkeit characterisirt. Die Hartmann'sche Freiheit ist daher nur ein Accessorium des Willens, das nicht zu dessen Wesen gehört; die Hartmann'sche Freiheit ist nicht die sittliche Freiheit, wie die unmittelbare Lebenserfahrung sie erkennen läßt, und ermangelt daher der Bedeutung, welche dieser innewohnt.

Wie eng der Begriff der Freiheit mit dem Gefühle der Verantwortlichkeit verknüpft ist, und wie die wahre positive Freiheit nur als sittliche Freiheit begriffen werden könne, habe ich im ersten Abschnitt darzulegen versucht. Hier an dem Beispiele der Hartmann'schen Freiheit wird uns das Gesagte noch einmal klar vor die Seele geführt. Der Schwerpunkt dessen, was Freiheit ist und bedeutet, liegt im richtigen Verständniß dessen, was wir in uns erleben, indem wir wollen. Wir wollen nie ohne das stärkere oder schwächere Gefühl der Verantwortlichkeit, und in diesem Gefühle liegt aller Werth und alle Bedeutung des Wollens; durch dieses Gefühl wird der Wille erst zu unserem Willen. Das Gefühl der Verantwortlichkeit liefert den unumstößlichen Beweis, daß wir frei sind in unserem Wollen und nicht determinirt, daß wir eigenartige Wesen von specifisch bestimmter Natur, daß wir moralische Wesen sind.

Dieses Gefühl fehlt Hartmann, und er konnte deßhalb nicht zu dem wahren Begriffe der Freiheit durchdringen; es fehlt ihm, weil er sich durch seine theoretischen Irrthümer das Verständniß der wahren Inhalte und Ziele des Lebens verdorben hat. Es ist unmöglich, auf der Grundlage dieser also verstümmelten trostlosen Weltansicht eine Ethik zu erfinnen, und dem Willen einen auch nur einigermaßen respectabeln Inhalt, der Freiheit des Wollens eine Bedeutung zu geben, welche auch nur einigermaßen mit dem verglichen werden könnte, was die unmittelbare Lebenserfahrung als solche kennen lehrt.

Der leere Wille und das logische Formalprincip sind die ursprünglichen Factoren der Hartmann'schen Weltansicht. Der leere Wille will nur sich selbst, er ist weiter nichts als Egoismus. Alle Gefühle, welche dem Leben Inhalt geben, sind auf die angegebene Art in Willensbefriedigungen oder =Nichtbefriedigungen zerlegt, in Gefühle der Lust und Unlust, welche nur dem Grade, nicht aber der Art nach verschieden sein sollen. Der Egoismus ist daher die einzige noch übrig gebliebene Triebkraft. Das aller Inhalte entleerte Dasein selbst ist eine Qual; der Egoismus des Individuums kann nur noch darauf gerichtet sein, dieser Qual des Daseins zu entrinnen. Wir sehen, die Weltansicht Hartmann's ist durch dessen Philosophie in gleicher Weise verödet und entleert, wie diejenige Schopenhauer's; aller Sinn und alles Verständniß für die höheren Regungen des Lebens sind ertödtet; der vernunftlose Wille, das Analogon der Naturkraft, und die logische Idee, das Analogon der Naturgesetze, documentiren die Verwandtschaft mit dem Materialismus und beherrschen den ganzen Gesichtskreis.

Aber es ist doch noch ein Unterschied vorhanden.

Die Idee, welche b Schopenhauer nur ein Parasit des Willens war, ist von Hartmann als ebenbürtiger Factor, als ein dem Willen coordinirtes Attribut, in die Weltsubstanz aufgenommen. Dadurch ist dieser eine Handhabe gegeben, das Hartmann und

Schopenhauer gemeinsame Ziel, die Vernichtung „dieser durch und durch elenden Welt", welches letzterem nur durch Askese und Verneinung des Willens zum Leben erreichbar schien, umgekehrt durch active Lebensentfaltung zu erreichen. Wir erinnern uns, daß der Weltproceß dadurch entstanden sein soll, daß das eine der beiden „Attribute", welches ursprünglich als „reiner Wille" ganz friedlich mit dem anderen, „der logischen Idee", vereint im Unbewußten schlummerte, sich plötzlich auf unerklärliche Weise zum „leeren Wollen" erhob, die Qual des Daseins in's Leben rief und durch seinen angeblichen Widerspruch gegen den Satz der Identität das Gleichgewicht beider Attribute stören sollte. Diese seltsame Geschichte enthält den Keim der ethischen Grundidee Hartmann's. Nun soll es nämlich Sache der logischen Idee sein, den Willen, „das alogische Princip" zu bekämpfen und durch völlige Besiegung des Willens, durch Vernichtung der Welt, der Schöpfung des Willens, das Gleichgewicht im Absoluten wieder herzustellen. Dies ist der tiefste metaphysische Grundgedanke der Hartmann'schen Ethik, der sich practisch auf die Weise realisiren soll, daß alle „in den lebendigen Wesen concentrirten Strahlenbündel des Willens" zu der Einsicht in die Richtigkeit alles Bestehenden kommen und dann durch Generalbeschluß die Setzung der Welt wieder aufheben. Dann ist die Qual des Daseins und mit ihr das Bewußtsein erloschen, das Gleichgewicht im Unbewußten wieder hergestellt.

Um dieses Ziel zu erreichen, wird auch das sonst nur als metaphysischer Anheftungspunkt für die beiden Attribute benutzte Unbewußte mit in die Action gezogen. Damit nämlich der Wille in den Einzelwesen nicht vor der Zeit schon allen Humor verliere und zum Selbstmorde schreite, wird ihm angeblich vom Unbewußten zunächst ein „Instinkt zum Leben" und dann eine Reihe von Illusionen „vorgespiegelt", die dazu dienen sollen, ihn zur Thätigkeit anzuregen. Dies ist die erste Stufe des ächten sittlichen

Bewußtseins, auf welche sich, ganz abgesehen von den Zielen der Sittlichkeit, die Kräfte des Individuums erst entfalten und zu späterem Gebrauche entwickeln sollen. In der „Phänomenologie des sittlichen Bewußtseins“ werden diese Präliminarien der eigentlichen Sittlichkeit in den Capiteln über Geschmacks-, Gefühls- und Vernunftmoral sehr ausführlich behandelt und in einer ganzen Reihe aufsteigender Moralprincipien anschaulich dargelegt. Wenn das Individuum dann soweit erstarkt ist, daß es zur eigentlichen Sittlichkeit reif erscheint, so durchschaut es alle jene Illusionen und läutert sich durch die Einsicht, daß alles eitel sei, was es für sich erlangen könne, zur „Selbstverläugnung“ empor. Es kommt dann, da es doch der Unterhaltung dringend bedürftig ist, zunächst auf den Einfall, das Wohl anderer zu fördern und tritt damit in das zweite Stadium, wo es sich um die „Ziele der Sittlichkeit“ handelt. Von einem Wohl der einzelnen Anderen kann hier vernünftigerweise keine Rede sein, da ja das Leben aller überwiegend Qual ist. Es werden daher „Individuen höherer Ordnung“ creirt: Familie, Ortsgemeinde, Provinz, Staat und Menschheit, denen ein selbständiges Bedürfniß nach Culturentwickelung beigelegt wird, und für welche die Begriffe von Vollkommenheit und Glückseligkeit zusammenfallen sollen, welche im Einzelindividuum einander widerstreiten. Die Menschheit soll so organisirt sein, daß die Culturentwickelung stets das Wohl der übergeordneten Individuen fördert. Dies offenbart „das Moralprincip der sittlichen Weltordnung“. Culturentwickelung ist demnach das höchste sichtbare Ziel.

Die Motivationskraft dieses Strebens nach Beförderung des Wohls der Menschheit kann jedoch Hartmann erst dadurch erklären, daß er es wieder auf den Egoismus zurückführt. Erst durch die Einsicht, „daß ich mit allen anderen Wesen im Grunde identisch bin“, durch die Erkenntniß „des substantiellen Monismus des Wesens“, erst dadurch, daß ich einsehe, daß ich ja in der That mein **eigenes** Wohl fördere, wenn ich das Wohl der anderen fördere, soll ich ein verständliches, das einzige verständliche Motiv meines sittlichen Wollens gewinnen. Hartmann nennt das Liebe, und bedenkt nicht, daß es nur verkappte Eigenliebe ist, was er so bezeichnet, während die wahre Liebe ihr Glück gerade darin findet, daß sie das Wohl des anderen als eines anderen fördert. Der wahre „Urgrund" der Sittlichkeit ist und bleibt also der Egoismus, aber ein unter dem vielverheißenden Worte „Liebe" versteckter Kryptoegoismus, da der offene ehrliche Egoismus sich als ethisch bedeutungslos erwiesen hat.

Das wahre höchste Ziel der Ethik soll die Eudämonie des Absoluten sein, welche das Individuum blos deßhalb anstreben soll, weil es sich selbst als Theil dieses Absoluten begreift, und diese Eudämonie kann nicht positiver, sondern nur negativer Art sein, Erlösung von der Qual des Daseins. Der „Gottesschmerz des Absoluten" soll durch die zwar schmerzliche aber gründliche Radicalcur des Weltprocesses beseitigt werden und wir, die Individuen, sollen durch unsere sittliche Lebensarbeit an der Abkürzung dieses Leidens- und Erlösungsweges mitarbeiten.

Ich will meine Leser hier nicht mit der Widerlegung aller der haltlosen Künsteleien, Widersprüche und Unmöglichkeiten ermüden, aus denen dieser wunderliche ethische Neubau zusammengezimmert ist*). Sehen wir ganz davon ab und prüfen nur den ethischen Gehalt des Endziels und der zahlreichen Zwischenstationen und Vorstufen, so treffen wir überall auf hohle Phrasen und erkünstelte

*) Ich verweise in dieser Beziehung auf meine Recension der „Phänomenologie des sittlichen Bewußtseins" in den Göttinger gel. Anzeigen Stück 16 Jahrgang 1879 S. 483—502 und auf meine Abhandlung: „Die Ethik des Pessimismus" Preuß. Jahrb. Bd. XLIII Heft 4 S. 375 sqq. sowie auf die Preisschrift „Pessimismus und Sittenlehre" und die Abhandlung „Die Religion des Pessimismus" Deutsche Zeit- und Streitfragen 1884. Berlin. Karl Habel.

verschrobene Gesichtspunkte. Nirgends begegnet uns ein großer und erhebender Gedanke, nirgends ein Inhalt, der uns durch seinen Eigenwerth imponiren, geschweige denn ein Gefühl der Achtung und Würde in uns erwecken könnte. Die Blasirtheit eines in sich bankerotten, mit sich und der Welt zerfallenen Gemüths wird als Selbstverläugnung angepriesen, die specifischen Werthgefühle, in denen unser wahres Menschwesen sich offenbart, werden als Illusionen dargestellt, welche uns das Unbewußte vorspiegeln soll, um unser Leben seinen Zwecken dienstbar zu machen; dasselbe Unbewußte, welches principiell weder Vorgedanken noch Nachgedanken, sondern gar keine Gedanken und also auch keine Zwecke haben kann. Die Liebe wird ihrer specifischen Bedeutung entkleidet und auf einem metaphysischen Umwege aus dem Egoismus erklärt. Der Zweck des Ganzen aber, das letzte Ziel aller ethischen Bestrebungen soll darauf hinausgehen, ein fingirtes Unbewußtes zu erlösen, durch dessen eigene Dummheit alles Elend in der Welt verschuldet sein soll, ein Unbewußtes, das uns nicht einmal die gleiche Theilnahme zu erwecken vermag wie der getretene Wurm, weil uns der Schmerz dieses letzteren verständlicher ist, als die theoretisch zusammengekünstelte Qual jener unbewußten Spottgeburt von Wille und Vorstellung.

Es ist offenbar: kein gesunder und verständiger Mensch kann sich für ein so abgeschmacktes Ziel begeistern. Durch die Zerstörung aller Inhalte und Werthe des Lebens fällt Alles zweck- und ziellos auseinander, und das Leben selbst verliert alle Haltung und Bedeutung. Mit der Bedeutung des Lebens schwindet dann selbstverständlich auch die Bedeutung der Freiheit und der sittlichen Verantwortlichkeit in nichts zusammen.

Bestand das Wesen der Freiheit in der Fähigkeit, unter mehreren gleichzeitig auf uns einwirkenden Motiven nach eigenem Ermessen zu wählen, so bestand deren Bedeutung darin, daß wir durch die stete consequente Ausübung dieser freien Selbstbethätigung eine sittliche **Bestimmung** zu erfüllen haben, welche ein **Gut von unbedingtem Werthe** repräsentirt und eben dadurch dem Sittengesetze die verbindliche Kraft, unserem Leben Weihe und Würde verleiht. In dem Bewußtsein dieser Würde des wahren Menschwesens besteht das Gefühl der sittlichen Verantwortlichkeit, welches all unser Wollen begleitet und der menschlichen Freiheit ihren specifischen Character giebt.

Eduard von Hartmann hat das Wesen der menschlichen Freiheit nach der formalen Seite richtig erfaßt, aber er verkennt deren Bedeutung, weil er die Bedeutung des wahren Menschwesens verkennt.

Das Endergebniß unserer Kritik der betrachteten Einwendungen gegen Wesen und Vorhandensein der Freiheit kann daher nur die Ueberzeugung in uns befestigen, daß das wahre Verständniß der Freiheit nur allein durch das Verständniß des wahren Menschwesens erlangt werden könne.

MIX
Papier | Fördert
gute Waldnutzung
FSC® C083411

Kolibri 360 GmbH
Ferdinand-Jühlke-Straße 7
99095 Erfurt, Deutschland
produktsicherheit@kolibri360.de